东尼·博赞思维导图授权讲师

21天学会
思维导图

尹丽芳 ◎ 著

机械工业出版社
CHINA MACHINE PRESS

思维导图作为一种强大的思维工具，可以帮助人们处理工作、生活、学习中的诸多事务，正被越来越多的人接受、学习和使用。本书不仅详细介绍了思维导图的绘制步骤、要点、关键、技巧、误区、规则，还在知识理论的基础上，将思维导图与职业化、竞争力、视觉化思维巧妙融合，讲解思维导图的实际应用。本书可以帮助读者在21天的时间里，掌握思维导图绘制技巧，实现从新手到达人的进阶；转变思维习惯，时刻保持清醒的头脑与清晰的思路。

图书在版编目（CIP）数据

21天学会思维导图／尹丽芳著．—北京：机械工业出版社，2018.9（2021.1重印）
ISBN 978-7-111-60947-6

Ⅰ.①2… Ⅱ.①尹… Ⅲ.①思维方法-通俗读物 Ⅳ.①B804-49

中国版本图书馆CIP数据核字（2018）第216965号

机械工业出版社（北京市百万庄大街22号 邮政编码100037）
策划编辑：姚越华 张清宇　　责任编辑：姚越华 张清宇
版式设计：张文贵　　　　　　责任校对：张　薇
封面设计：吕凤英　　　　　　责任印制：孙　炜
保定市中画美凯印刷有限公司印刷
2021年1月第1版·第5次印刷
169mm×239mm·15.75印张·1插页·208千字
标准书号：ISBN 978-7-111-60947-6
定价：49.00元

凡购本书，如有缺页、倒页、脱页，由本社发行部调换

电话服务　　　　　　　　　　网络服务
服务咨询热线：010-88361066　　机 工 官 网：www.cmpbook.com
读者购书热线：010-68326294　　机 工 官 博：weibo.com/cmp1952
　　　　　　　　　　　　　　　金 书 网：www.golden-book.com
封面无防伪标均为盗版　　　　教育服务网：www.cmpedu.com

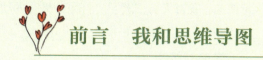# 前言　我和思维导图

我的线性生活

小时候的生活是家到学校的距离，长大后的生活是家到单位的距离。当路过每一个熟悉的站牌，见到每一张熟悉的笑脸，日复一日地面对每一项熟悉的工作……当生活中的一切变得一成不变，当工作中的一切变得驾轻就熟，我开始感到恐慌。身边也有很多伙伴，陷入了职场危机：什么活儿都不想干，什么活儿都干不成；每天的生活，就是不断地抱怨和内耗。罗曼·罗兰说，人生不售返程票，一旦动身，绝不能复返。

而我的思考是，活着的意义和生命的价值在哪里？自己学习过的东西好像兜儿里装着的糖，在成长过程中总在不停地往外掏，但不知道什么时候兜儿里的糖就会掏没了，那我自己还剩下什么？

新的可能在哪里

有没有可能摆脱线性生活的现状？我尝试过看书，从文中领略他人的世界和空间；我尝试过旅行，带着自我上路；我尝试过学习自己从来不懂的知识，希望打开生命的窗户，看到远方闪耀的星星。

我最喜欢的方式是学习，比如说学习物流管理，还有人力资源管理，每次学习都是一种挑战，挑战着自己的知识储备，挑战着自己的学习能力。我慢慢发现，原来我们的大脑真的很神奇，只要你输入任务，找到方法，它就能

学会新的知识和技能。而新知识和新技能又拓展了我们的交际圈：学习物流认识了空港的伙伴，学习普通话认识了一群老师，学习人力资源管理认识了一群HR……每天除了需要完成的本职工作，我还有更大的挑战，那就是完成新的学习任务，我每天都充满了"打怪升级"的动机。

生命的可能

每次学习都带给我一种新的可能。有这样一个比喻：每个人的心里都住着一个小怪兽，需要用努力和勤奋喂养它。等有一天小怪兽长成大怪物，就可以带着我驰骋疆场。

生命不等于呼吸，生命是活动。我们往往会用静止的眼光去看待动态的生活，那样无法追寻到生命的意义和价值。假如说生命是一辆飞速前行的火车，我们只有保持和它同步，才不会被生命所抛弃。

在2014年参加人力资源管理的考试中，我学习到了思维导图。在2015年2月，我完整地绘制了一幅思维导图《拆掉生命里的墙》。

我常听到有人说："你学画画的呀！难怪画得好！"

这就是作为艺术生的我，人生中第一幅完整的思维导图作品。它或许不是一幅完美的作品，却是我踏入思维导图世界的一个起点。因为这张图，我获得了在新精英平台分享的机会，然后我通过海量的阅读，大量的运用和练习，进行着思维导图的案例分析和实践。当我希望能和更多的人分享自己的学习感受，想帮助更多伙伴体验学习的快乐时，我获得和十点读书会、一起听课星球、壹职场、大V店合作的机会。

我的人生轨迹由从家到单位，变成从家到全国各地。我所面对的人，由熟悉的笑脸，变成一张张陌生而熟悉的笑脸。陌生是因为我们从未相识，熟悉是因为他们眼中一样闪着希望成长的光芒。

我深信，当你知道自己要去哪里，全世界都会为你让路。

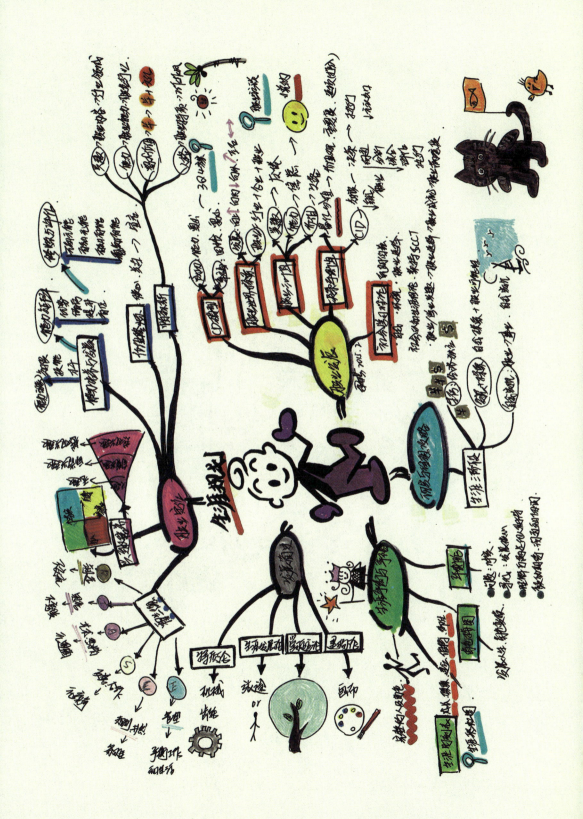

生命的价值

列夫·托尔斯泰说,人生的价值,并不是用时间,而是用深度去衡量的。我的身份从思维导图的学习者、使用者,变成推广者,就是希望能和更多的伙伴一起感受学习的乐趣和成长的快乐。我和思维导图有着神奇的故事,在我看来,思维导图不仅是一张图,还是一张充满神奇的地图,让我更好地认识了自己。总结自己的成长历程,我会用五个关键词概括:学习思考、寻找、宝藏、刻意练习和收获。

我们每个人心中都住着一个最好的自己,打开生命之窗,才能让阳光照见内心的自己。如果你希望和我一样,提升生命的价值,就请翻开目录,开启我们的21天成长之旅吧。

目　录

前言　我和思维导图

第一部分

改变习惯就趁现在

走出你的舒适区 / 002

习惯的三种类型 / 006

21 天思维习惯养成计划 / 010

"21 天学会思维导图"学习计划 / 012

第二部分

新手上路

第 1 天　一种全新的思维体验 / 020

　　应用：用思维导图进行自我介绍 / 023

第 2 天　建立思维的框架 / 033

　　应用：思维导图与考试规划 / 040

第 3 天　线性思维的制约 / 042

　　应用：思维导图与考试复习大纲 / 045

第 4 天　发散的思维和大脑的特性 / 048

　　应用：思维导图与演讲技巧 / 050

第 5 天　了解思维导图绘制工具 / 059

　　应用：用思维导图阅读故事类文章 / 070

第 6 天　尝试将你的想法呈现出来 / 074

　　应用：用思维导图建立一个"我喜欢的……"思考框架 / 077

第 7 天　专注于现在，找到属于你的宝藏 / 078

　　应用：用思维导图高效学习，让你事半功倍 / 083

第三部分　成功晋级

第 8 天　你可能遇到的进阶障碍 / 088

　　应用：用思维导图高效沟通 / 092

第 9 天　思维导图绘制的四个步骤 / 097

　　应用：用思维导图快速画出课程笔记 / 109

第 10 天　准确理解很关键 / 112

　　应用：用思维导图快速了解新工作 / 119

第 11 天　你需要掌握更多的知识，才能保持平衡 / 123

　　应用：用思维导图规划新的一年 / 126

第 12 天　中心图案打开你联想的宝藏 / 131

　　应用：用思维导图提高你的联想能力 / 139

第 13 天　线条的逻辑和练习 / 140

　　应用：用思维导图规划时间 / 146

第 14 天　四种方法提炼句子的关键词 / 151

　　应用：用思维导图画出文章笔记 / 157

第四部分 技术提升

第 15 天　思维导图有效提高你的记忆 / 160
　　应用：用思维导图打开你的记忆宫殿 / 164
第 16 天　停止评判他人，让思绪流动 / 168
　　应用：用思维导图解决你的困惑 / 172
第 17 天　思维导图学习的七大困惑 / 174
　　应用：用思维导图面对项目管理的问题 / 178
第 18 天　关键词和关键图的运用 / 181
　　应用：用思维导图打开你的全脑思维 / 185
第 19 天　思维导图的六大用途 / 187
　　应用：用思维导图记录会议 / 191
第 20 天　懂法则更有效 / 196
　　应用：用思维导图面对想赢的问题 / 204
第 21 天　画出你的想法，千万别看我的答案 / 207
　　应用：用思维导图进行课程设计 / 208

第五部分 读懂思维，获得成长的力量

思维导图中的声音与语言 / 212
"混乱"的思维导图有着特殊的含义 / 217
看到自己成长，你会有更大的动力 / 222

附录　学员分享 / 237

第一部分
改变习惯就趁现在

走出你的舒适区

我们每个人都有自己的专属习惯，习惯是积久养成的思考、行为和生活的方式。当我们习惯于简单的生活，那么生活也就习惯了简单；当我们习惯于不思考的生活，那么生活也就不用思考；当我们习惯于每天抱怨自己的人生，那么生活也就充满了抱怨；当我们习惯于舒适的生活，那么生活总有一天会让你不舒适。

19世纪末，美国康奈尔大学的科学家做过一个"温水煮青蛙"实验。科学家将青蛙投入40℃的水中时，青蛙因受不了突如其来的高温刺激，立即奋力从水中跳出来，得以成功逃生。科研人员又把青蛙放入装有冷水的容器中，然后将水缓慢加热，每分钟上升0.2℃，结果就不一样了。因为开始时水温舒适，青蛙在水中悠然自得，当青蛙发现无法忍受高温时，已经心有余而力不足了，不知不觉被煮死在热水中。这个实验告诉我们，即使在优越的环境中，自己也要随时保持警惕，否则可能导致令自己后悔不已的事情发生。

如果你的生活、你的习惯一成不变，你就是那只青蛙。可能你会觉得这是危言耸听——我怎么就会变成那只青蛙了呢？职场需要三股劲儿：冲劲儿、干劲儿和闯劲儿。在第一轮的职场"厮杀"中，你最有冲劲儿和闯劲儿，每位职场新人都希望有机会接受挑战；面对新的工作，你有最大的干劲儿。然而1年过去了，2年过去了，3年过去了……当你日复一日面对闭着眼睛都能完成的工作时，你便不再有任何劲儿了。一天一天重复着，把自己的日子过成了舒适区。教育学中有"舒适区理论",人长久待在舒服的环境中,会因为生活舒适而不想动脑筋;但若把人带到比较险恶的环境中,因经历挑战和痛苦,反而会变得成熟起来。

从自信心的角度来看,"你的舒适区有多大?"一个没有自信的人,舒适区很小,因为总是怕被拒绝,所以不愿主动走出去与人交往。

从获得机会的角度来看,"机会总在你的舒适圈外面",你需要做出改变,付出努力,才能接近属于你的机会。怎样获得机会呢?

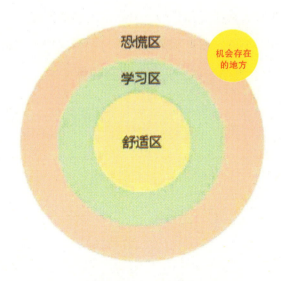

那就需要你走出舒适区，这可能是一个很冒险的举动，它会让你面对困难，感到不安，甚至有些恐惧。因为从舒适区一步迈进恐慌区是很容易的，关键是看清现状。

例如：我的英文不好，我给自己设定的目标是 7 月份去悉尼参加视觉引导主题活动，离现在还有 4 个月的时间。可能有的人会想，这也太难了，还是不要去了，因为这样最安全，也最省事。

但是我觉得可以给自己设计三个步骤：

第一步，尝试迈出舒适区，去尝试一些新的事物来改变现状。比如开始学习英文，在看美剧的时候学说一些简单的台词。

第二步，在 4 个月的时间里，请专业的辅导老师，对我进行一对一的辅导。

第三步，按照学习计划，掌握基本的英语会话能力，不懂的专业名词可以通过查询搞定。

啊哈！原来让我恐惧头疼的英语学习问题，也是有方法可以解决的。

优秀是一种习惯，因为优秀的人总能找到好的方法来帮助自己完成任务，养成好的习惯。

迈出第一步的勇气是值得称赞的，但是也需要理性面对自己将面对的困难。学习本身就是一个坑。如果在未来的学习中你遇到了困难和阻力，那请记得找出《21 天学会思维导图》这本书，翻到第 5 页，看看你正处于哪个阶段。

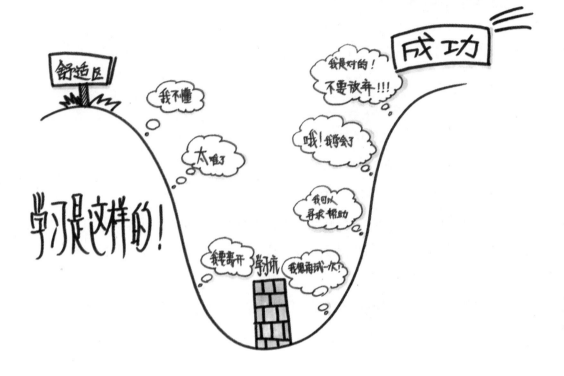

习惯的三种类型

荷兰哲学家伊拉斯谟曾说:"一个钉子挤掉另一个钉子,习惯要由习惯来取代。"习惯是一种定型性行为,所以当你发现自己有一个习惯的时候,就会知道你已经练习过很多次了。

在任何行业或者领域,最有效和最强大的练习,都是通过充分利用身体与大脑的适应能力,来逐步塑造和提升技能,从而做到一些他人不可能做到的事情。

试着从上面这句话找出关键词,你找到了什么?

第一组关键词:强大练习　适应　提升技能

第二组关键词:练习　提升　技能

在寻找关键词的时候,你的脑海里产生了什么样的画面?在操场上一圈一圈地跑步,形成体能的肌肉记忆;在中楷的格子里一遍又一遍地练习"永字八法",形成标准书写的习惯;在学习驾车的时候,双手紧紧地握着方向盘,好像一放手车子就会跑偏,直到你的车子的里程表跑到了10 000公里,50 000公里,100 000公里……

在学习的过程中,要想克服原有的坏习惯,就要逐渐培养出自己的好习惯。久而久之,好习惯就会代替坏习惯,最终让我们受益终身。从某种意义上说,"习惯就是人生的最大指导"。

习惯可分为行为习惯、身体习惯和思维习惯。

行为习惯

行为习惯是行为和习惯的总称，是一种自动化的动作或行为。它是在一定时间内逐渐养成的，与人们后天条件反射系统的建立有着密切的关系。例如，你不会制作思维导图，那么根据本书第二部分、第三部分、第四部分制订 21 天学习计划，每天坚持按计划完成，你就能基本掌握思维导图绘制的方法或者形成这种习惯。这就是从 0 到 1 的过程。

身体习惯

比如说锻炼身体的习惯，女生永远想减肥，可是身体不会在短时期内养成习惯。所以运动一周没减重，运动两周没有明显的效果，然后有些人就放弃了。

通常身体的习惯需要坚持 3 个月以上，就像你想参加马拉松比赛，距离为 42.195 公里。从锻炼身体到跑 5 公里，然后跑半马，最后是全马，这是一个分阶段进行的过程。我们都意识到了锻炼身体的重要性，但是很容易因为工作太忙、加班太晚、没有明显效果而轻易放弃。

思维习惯

思维习惯是人们在日常生活中思考问题时，所偏爱的一种方式和方法。思维习惯决定着我们的思想和行为。认知心理学家认为，思维决定情绪，有什么样的思维就会产生什么样的情绪。比如，悲观消极的人总是倾向于从负面的角度看待问题，总是先想到最坏的结果；相反，乐观的人总是能看到事情积极的一面，不管处境多么不好。

举个例子，在沙漠中，悲观和乐观的两个人都看着剩下半杯水的杯子，悲观的人按照惯性的思维会说："天啊，我失去了半杯水。"而乐观的人则会说："我还有半杯水"。人的思维习惯和性格相关，在潜意识冰山下有很多潜在的因素存在。所以改变思维习惯最难，受到的阻力也是最大的。阻碍你成长的不是别人，而是过去的那个狭隘和固执的自己。

21 天思维习惯养成计划

21天习惯养成,是由整形医学专家马尔茨博士提出的。他发现对于截肢患者来说,手术后的前21天中,他们往往不适应身体已经失去一部分,经常仍然能"感觉到"它的存在。而21天后,他们就不再无意识地要去"使用"它了,已经习惯了截肢后的状态。马尔茨博士发表了他的这个临床发现,人们渐渐地认同了他的观点。

习惯的形成大致可分为三个阶段。

第一阶段　反弹期（第1天~第7天）

这一阶段你需要十分刻意地提醒自己,否则一不留意,你的坏情绪、坏毛病就会浮出水面,让你再次回到从前。在提醒自己、要求自己的同时,也许会感到很不自然、很不舒服,这种不自然、不舒服是正常的,因为你正在改变。或许你此时也在考虑放弃,因为有50%的人会在这个阶段选择放弃。

本阶段重点:坚持做下去,完成比完美更重要。

第二阶段　不安定期（第8天~第14天）

这一阶段会受到自身或者外界不可控因素的干扰,极易放弃坚持,或者三天打鱼两天晒网。

本阶段重点：建立习惯的开关，利用好小小的仪式感和具有弹性的计划很重要；还可以给自己设定奖励机制，帮助自己更好地面对挑战。

第三阶段　倦怠期（第15天~第21天）

在重复的改变中，你会产生倦怠的情绪，心想：今天偷一天懒，不做也没有什么关系。此时你可以尝试做出一些改变，让自己获得新的动力。你可以借助思维导图来学习，画出你的旅行计划，或者画出一部电影情节的思维导图，都是很棒的尝试。

行为心理学的研究表明，21天的重复会形成习惯；90天的重复会形成稳定的习惯。也就是说，同一个动作或想法，重复21天或者重复验证21次，就会变成习惯性的行为和想法。所以，一个观念如果被自己验证了21次以上，它一定已经成为你的信念了。

"21天学会思维导图"学习计划

优秀是一种习惯。要想学会思维导图,请按照下面的要求,给自己制订一个学习计划,以期形成自己的"思维导图"习惯。

(1) 将计划写在纸上,并告诉你的朋友或家人,给自己制造一种压力。

(2) 对于习惯的要求只需几条就可以了,简单才更容易坚持到底。

(3) 不要追求完美。一步一步来,不要指望一次就能彻底改变。

你将面对的困难

(1) 我不会画画,还能学习绘制思维导图吗?

思维导图是帮助我们有效呈现我们的思路和思维的工具,它和单纯的画画还不一样。在思维导图的运用过程中,我们一般会关注好不好用,而不是好不好看。

试试你的右脑等级吧!尝试画出第13页方框中文字所描述的事物。

冰棒	彩虹冰棒	好吃的冰棒
花	向日葵	芬芳的花

（2）学习思维导图需要准备很多的东西吗？

不需要。学习思维导图，只需一张纸、一盒 12 色的彩色笔和一颗准备开始尝试的心。

思维导图——新的思维习惯

思维导图又叫心智导图，"心"可以理解为感性，"智"可以理解为理性，一张图结合了感性的想象和理性的思考，的确是个不错的选择。思维导图是表达发散性思维的有效图形思维工具，发散性思维意味着多种可能性，充满了联想和想象。思维导图简单却非常有效，可以说是一种革命性的思维工具。思维导图运用了图文并茂的方式。为什么要图文并茂呢？我们有两个大脑半球：左脑和右脑，可以简单地把它们理解为"文字脑"和"图像脑"，运用思维导图意味着必须同时使用左脑和右脑，1+1＞2 效能自然可以得到大幅的提升。把各级主题的关系通过隶属和层级表现出来，通过关键词与图像、颜色等建立记忆联结。大脑存储的形式，以图片为主，我们来试验一下。

提到"冰激凌"，在你的脑海里出现的是什么？

思维导图充分运用左右脑的机能，利用记忆、阅读、思维的规律，协助人们在科学与艺术、逻辑与想象之间平衡发展，从而开启人类大脑的无限潜能。成就卓著的数学家、艺术家、科学家、音乐家，就是完美地运用了大脑的无限潜能。

思维导图是将思维形象化，因为这原本就是人类大脑的自然思考方式，刚才的冰激凌实验也已经清晰地验证了这个特点。进一步来看，每一种进入大脑的"原材料"，无论是感觉、记忆，还是想法，包括文字、数字、符号、香气、食物、线条、颜色、意象、节奏、音符等，都会成为一个思考中心，并由此中心向外发散出成千上万个关节点，每一个关节点都会与中心主题建立联结。

比如，往我们的大脑中输入一个字——家，我们就可以把它当作思考的中心。我们既可以把"家"理解为一种感受（即感官侦测到的外界的能量变化与个体内在所产生的生化反应），也可以理解为多种事实的集结（即事情的真实情况，包括事物、事件、事态，即客观存在的一切物体与现象，以及社会上发生的不平常的事和局势及情况的变异态势）。

每一个关节点又可以成为另一个中心主题，再向外发散出成千上万的关节点，呈现放射性立体结构。

这些关节点的联结可以视为你的记忆，就如同大脑中的神经元一样互相连接，从而形成你的个人数据库。信息联结越多，你的记忆力也就越好。

思维导图是一种图像式思考工具。现在我们尝试顺着自己的思路去理解思维导图，充分运用你的想象和联想吧！

看到"思""维""导""图"这四个字，你的脑海里出现了什么样的画面？能试着用文字描述出来吗？要求只用两个字组成的词哦。尝试一下吧！

思：思维、思想、想法、念头、＿＿＿ ＿＿＿ ＿＿＿ ＿＿＿

维：纤维、维度、三维、绳子、＿＿＿ ＿＿＿ ＿＿＿ ＿＿＿

导：导游、导弹、导演、导购、＿＿＿ ＿＿＿ ＿＿＿ ＿＿＿

图：图示、色彩、图像、画笔、____ ____ ____ ____

试着在每个字衍生出的词语中找出一个字，把它们连成一句话，形成你对"思维导图"的解释吧。这就是我们理解、认知和形成观点的过程。思维导图就是把我们很多的想法和观点形成维度呈现出来的图像。

思维导图，从字面上就可以看出，思维在先，导出图像在后。这也是我们思考的规律，符合人类大脑的认知习惯。

例如：

今天天冷，我们会想到吃火锅会很暖和，然后去找火锅店。

今天天气很好，我们会想到应该去户外走走，然后约朋友。

接手新的工作，我们会觉得有困难，然后去请教前辈。

准备一场演讲，先形成思路，然后写出演讲方案。

你有没有发现，我们想到的所有事情，都是先呈现在脑海里，然后再付诸行动和实践。史蒂芬·柯维（Stephen R. Covey）在《高效人士的七个习惯》(*The 7 habits of Highly Effective People*) 中提到的第二个习惯是"以终为始"（Begin with the end in mind），先在脑海里酝酿，然后再进行实质创造。简单来说，就是先想清楚了目标，然后努力实现。

想清楚和说明白

所有的事物都会先在脑海里形成它最初的模样，然后客观地呈现出来。呈现的方式可以是口头语言，也可以是书面语言和肢体语言。

口头语言：在使用口头语言时，你或许会觉得自己的表达不清晰，毫无逻辑，甚至无法与人有效交流。你可以试着先构思一下口语表达的框架，当进入实际的场景时，就按照事前的构想去表达。

书面语言：书面语言很好理解，就像小学生写作文一样，有思路和没有思路完全是两种表现，没思路时怎么写都不够500字，有思路时怎么删都超过500字。思路是什么？就是你脑海中关于作文主题的思考框架，简单点说，记叙文有六要素：时间，地点，人物，事件起因、经过和结果。500字的作文怎么写？在你的脑海里找到7幅画面：第1幅画面要和主题相关性最大，最鲜艳，把它放在中心位置；第2~7幅，按照时间、地点、人物、事件起因、经过和结果的顺序放在第1幅画面周围，可以按照顺时针的方向放置。

第二部分
新手上路

第 *1* 天 一种全新的思维体验

思维是什么？我们每天都在用它，但是很少思考过思维到底是什么，或者说思维究竟是什么样子的。这就像你要去钓鱼，但是你并不知道鱼竿是什么样子的，或者不知道鱼竿要怎么用。

思维是我们通过对客观实际的学习、理解和运用以后，所形成的规律和方法；也就是我们通过实际生活和具体事务学到知识和经验，长此以往形成的一套思考的逻辑和方法。

在大学里，我们形成了专业思维建模，在同一个专业里，学生们有着基本相同的思考模式和方法。面对同一件事，也有基本相同的处理方式和方法。如果你是学理科的，那么你就和学理科的学生更容易交流；而学艺术的学生会和同样学艺术的学生更好沟通，原因就是他们通过大学的学习，具有了大致相同的知识储备，形成了基本相同的认知和处理方式，所以在交流的时候更容易相互理解，产生共鸣。从学生到职场新人，我们在不断地训练着自己的逻辑性、条理性，练习写作和口头表达的能力。久而久之，我们都习惯了纵向使用A4纸：写出一个题目，然后一行一行地开始线性书写自己的思想。你往往会发现，写出前面，后面的内容就没有了思路；写到后面，却又忘了前面的内容……这是我们使用线性思考模式的结果，单一使用左脑的功能区，没有有效地对整体和全局形成宏观的把握，而是把关注点聚焦在了那些相对微观、具体的事情上。

怎样才能获得全新的思维体验呢？

我们可以运用思维导图来改变自己的思考模式。为了更好地了解思维导图的强大功能，让我们先来认识左右大脑。1981年罗杰·斯佩里教授的脑割裂实验研究表明，人的大脑左右分工不同，左脑叫作理性脑，又叫作学术脑和逻辑脑，代表理性、逻辑。我们在学习和工作中运用得最多的就是语言、文字、序列、逻辑和推理。右脑又叫作艺术脑，或者叫感性脑、想象脑，它负责图画、色彩、韵律、节奏、创新、创造。很多人觉得每天的工作中需要用到左脑，那么是不是右脑就没有太大的作用呢？我们用大脑联想一下"杯子"，你的脑海里首先出现的是

杯子

还是

我们再尝试联想一下"汽车"，你的脑海里首先出现的是

汽车

还是

由此可见，我们的脑海中优先储存的是图像，或者说是场景，而非单纯

的文字。大脑通过一系列反应，将文字信息与图像完成瞬间转换，也就是左脑吸收和右脑理解基本上同步完成，所以让你产生只运用左脑的错觉。

希望获得全新的思维体验，就要打破我们惯用的线性思考方式，而用一种全新的全脑思维模式来帮助我们学习和工作。我们的大脑非常神奇，对于任何一个内容都储存不止一个印象。给你的大脑输入"树"，尝试着在你的脑海中检索相关的信息，你会看到什么？

我们的大脑把这些信息集合起来，就形成了我们对树的概念。向我们的大脑中输入任何文字、音乐和气味，它们都会成为思考的中心，引发万千的思考，每个思考又都可以成为另一个中心，继续引发万千的思考。

通过这种方式，形成每个人思考的维度和独特的记忆，原则上思考的点越多，记忆就越清晰。由下往上的思考和由上往下的表达，就是一种全新的思维体验。

应用： 用思维导图进行自我介绍

　　我们尝试着运用全新的思维，结合实际生活，形成知识的迁移。在很多时候，我们需要介绍自己：新学期开学了，老师让同学们介绍自己；进入职场，我们需要向同事介绍自己；外出参加活动，我们希望认识更多的人，还是需要自我介绍。从幼儿园开始，我们就需要经常性地进行自我介绍。

　　你现在是怎样向他人做自我介绍的？是线性的吗？比如："我叫尹丽芳，来自深圳，我的职业是思维导图授权培训讲师。"讲到这里，你可能再也想不出什么词语来接着讲，只得很尴尬地说："谢谢，希望多指教，能让我有更多的收获！"

　　当你试着把关注点由外部转向内部的时候，你可能会发现自己是一个很有趣的人，而且是有很多故事的人。如果我们尝试着用思

我是"小元宝"——一个孩子的自我介绍

绘制：卓南芳

2016.12

我

- 姓: 马
- 生日: 9.14
- 头发: 短发
- 脸: 圆脸
- Mam: "小晨巴"

家

- 妈妈
- 爸爸
- 姥姥
- 姥爷
- 房子
  - 厨房
  - 卧室
  - 卫生间
  - 客厅
  - 电视
  - 玩具

制

- 昆明
- 民族
  - 彝族
  - 藏族
  - 多
  - 26
- 吃
  - 手抓饭
  - 过桥米线

喜欢

- 冬天
  - 滑冰
  - 暖洋洋
  - 大衣
  - 可乐
  - 棒棒糖
- 吃
  - 鱼
  - 白菜
- 玩具
  - 积木
  - 玩偶

维导图进行自我介绍，首先你要知道你的身份，是在校学生，职场新人，还是参加培训人员？三种不同的身份，需要我们传递的内容是不同的。

第24页是一个宝宝的自我介绍，她的名字叫小元宝。第一个分支介绍了她的家乡在昆明，昆明四季如春，有26个民族，有好吃的手抓饭和过桥米线。第二个分支是她喜欢的：冬天到海埂大坝喂海鸥，喜欢大汉堡、可乐和棒棒糖；喜欢看书，喜欢的玩具是积木和玩偶。第三个分支是小元宝对自己的描述：女生，圆脸和短发；生日是9月14日，属马；是妈妈的"小尾巴"。第四个分支是关于家的描述：家里的房间有客厅、厨房、卧室和卫生间；家里有温暖的火锅、电灯和玩具；家里有爸爸和妈妈、爷爷和奶奶、姥爷和姥姥。这张思维导图让小伙伴很容易地记住了"小元宝"，有着一张圆脸的可爱女孩。

如果你准备应聘某公司的职位，会用一张怎样的思维导图来介绍自己呢？

简历应该怎么写？通常网上会有很多模板，但大多都是一种格式，包含个人信息、求职意向、教育背景、个人技能、奖励情况、兴趣爱好、工作实习等。这么多的内容，完全没有必要全部都体现在简历上。

余方琪的思维导图简历（见第26页），中心图案是一个人骑在鱼上，旁边有很多圆形方孔的铜钱，各自对应着余方琪的谐音。然后通过六个分支介绍自己。

第一个分支介绍余方琪：毕业于××大学，平面设计专业，2016年8月毕业。应聘××公司设计部设计员的岗位。

第二个分支介绍学习经历：2012—2016年大学，2009—2012年高中，2006—2009年初中，2000—2006年小学。

第三个分支介绍实习经历：第一个实习经历，××公司，设计员岗位，收获到了合作、倾听和主动这三个关键词；第二个实习经历，

校庆时在宣传组实习，收获到了团队、虚心和练习这三个关键词。

第四个分支介绍能力情况：HR三级、秘书证四级、专业英语六级。

第五个分支介绍奖励情况：省级优秀学生干部，院级优秀班委，获得州演讲比赛的优秀奖，国家级优秀学生会主席。

第六个分支介绍兴趣：余方琪喜欢研究名画，喜欢阅读名著和《论语》，喜欢看优秀设计作品。

接下来的这种思维导图自我介绍，应该是我们在职场中用得最多的。我们希望通过一张思维导图让别人快速、准确地了解你，步骤如下。

第一步，你需要确定一个和主题相关的中心图案，可以画出你的名字或者你喜爱的东西。我会选择形象化的方式，把我的名字隐藏在主题图案中，比如说大家现在看第28页这张图，我的名字叫尹丽芳，丽芳，一个立方体的冰块，但是我觉得它的颜色比较单调，是否可以给它带来一些改变？我想到了画两条美丽的小鱼在冰块中游，颜色是红色的，看上去非常美丽。在太阳的照射下，地上有一个影子。我们可以运用联想和想象：有一块蓝色的立方体的冰块（"立方"与"丽芳"同音），里边有两条颜色十分美丽的小鱼，地上有一个影子（"影"与"尹"谐音），这就是我的名字——尹丽芳。

第二步，我们要建立自己思考的维度，也就是从哪几方面介绍自己。

在这张图中，我的家乡是第一个分支，我画了一棵大树，代表家乡。我们常说，树高千尺，落叶总要归根。我的家乡一年四季如春，常年气温20℃左右，蓝天白云刷爆朋友圈，想一想这是哪里？对，春城。全国有55个少数民族，而云南就有25个少数民族，再加上汉族，一共有26个民族。云南丽江有纳西族，西双版纳有傣族,瑞丽有景颇族等,少数民族构成了丰富的民族文化。他们拥有自己的文化、语言、音乐以及乐器。所以我们在假期喜欢去旅游,去领略那些自己闻所未闻、见所未见的风土人情。

第二个分支有很多心形,代表了我的爱好。为什么在自我介绍中要介绍自己的爱好呢?为了方便找到和你趣味相同的人。当别人通过你的爱好了解到你,便会有更多的话题可以交流。有人喜欢阅读,可以一起聊一聊读过的书。看到一个大大的火锅,说明自己是一个"吃货",吃是人类共同的、永恒的话题。我相信有很多伙伴和我有相同的爱好。

接下来看到的是一段电影胶片,我喜欢去电影院看电影,通过电影，我们可以去了解他人的世界，聆听他人的故事。为什么一定要到电影院去看，而不是选择在家看？家是一个相对开放的空间，你会随时被周围的人或事打扰。而在电影院这个公共场所，所有人都会很自觉地保持安静。在观影过程中，你会拥有更多的专注状态。

接下来我们看到的是飞机、轮船，还有山山水水，旅游能够让我放松身心，从大自然中获得灵感和力量。

第三个分支是关于我的梦想的。当时画这张图时，我希望自己能够一年内完成100节线上课程的分享。在2016年，微信朋友圈打卡记录，一共是224节课程。后来发现，每个年初的计划，年终屡屡被自己打破。我认为，梦想每个人都要有，实现了梦想，你的人生就又往前迈进了一大步。

接下来是一只企鹅，戴着一顶帽子，拿着叉子和勺子，你肯定会马上想到厨师这个职业。这体现了我不光喜欢吃，而且喜欢做。凡是吃到好吃的，我一定要把它改良成自己最喜欢的口感，满足自己的味蕾。

右边有一个小怪物，顶着一个礼物盒，我幻想着一年365天每天都有礼物收。

第四个分支是一个天使，天使给你的印象是什么呢？和平，优美，可爱，快乐。它所代表的主题是我的座右铭。有一次课程中，有个孩子用胖乎乎的小手指着画中的天使对我说："老师，我看到您变成了那个天使，我觉得您去了天堂。"孩子这句话引来哄堂大笑，但同时也引发了我的思考。如果我的座右铭变成了我的墓志铭，我相信它将会成为我一生恪守的准则。

画中有个人正在照镜子，我相信很多女生都会照镜子，在此我想表达的是要永远学会自我欣赏。我们常说人生不如意十有八九，人从脱离母体起，就要面对全新的挑战，因为我们没有办法退缩回去。在面对未来时，所有问题都是我们从未遇到过的，所以当出现问题的时候，请不要懊恼，而是去想一想自己在哪些方面做得还不够好。当你遇到困难或者灰心丧气的时候，不妨试着站在镜子旁边仔细地自我端详，相信你的潜意识中的力量——你比你自己看上去的更优秀。

接下来是一个人穿着坎肩和短裤，披着披风，她在艰难地行走，前面有猛烈的龙卷风，把房子都卷到天上去了。此处我想表达的是，勇敢不是在无知的情况下盲目前进，而是对前方所有困难有了全面的了解后，仍然迎难而上，这才是真正的勇敢。

以上就是思维导图自我介绍的方式，当你看完之后，发现原来我们竟然好像多年的朋友，非常的熟悉和了解。通过上面的画面，你觉得看到的是我，还是你自己？相信每一幅画都会引起你更多的思考和遐想。你可能会想到和我一样是"吃货"，想到了看过的某一本书，想到我们可能会在某个场景中相遇，让相逢变得充满神奇。

自我介绍的运用很广泛，比如在工作和社交中，当然还可以教给小朋友用来介绍自己，孩子们天马行空的想象会让你获得更多的快乐。一开始你或许觉得很难，我们先来尝试制作一下基础版自我介绍模板。

第一步，画出一个云朵的图案，把你的名字写在中间，然后把自己作为思考的中心，想一想自己有哪些信息想要介绍给对方。

第二步，把脑海中的信息进行归类，呈现为发散结构。

第三步，把想到的所有信息，逐一用关键词的形式呈现出来。

升级版自我介绍模板如下。

尝试着建立四个思考的维度来介绍自己,分支上可以是你的家乡、爱好、工作、简历、梦想、座右铭等。

第 2 天　建立思维的框架

思维的框架是什么？

思维的框架是思考的维度和方法。每个人的思维不同，正是因为思维框架的形状不同，即大脑对于各领域事物的认知判断具有一定的固定性，从而形成一种框架，所以每个人的思想不同。一个人思考的方式可以理解为他的认知模型。

我们很难直接认知自我，但是可以借助知识和模型。心理学家鲁夫特与英格汉提出"周哈里窗"模式，"窗"指代一个人的心，周哈里窗展示了在有意识或无意识的前提下，自我认知、行为举止和他人对自己的认知之间的差异，由此可分割为四个范畴，一是面对公众的自我塑造范畴，二是被公众获知但自我无意识的范畴，三是自我有意识在公众面前保留的范畴，四是公众及自我两者均无意识的范畴。因此可以把人的内在分成四个部分：公开的自己、盲目的自己、隐藏的自己、未知的自己。

	了解自己	不了解自己
他人了解	**公开的自己** 你和他人都很了解你本人	**盲目的自己** 别人很了解你，但你对自己不甚清晰
他人不了解	**隐藏的自己** 你很了解自己，但别人不了解	**未知的自己** 你和别人都不清楚的关于自己的信息

这就是一种思维的框架。我们通过不断探索未知的自己和盲目的自己，来提升思维的框架。有了充分的自我了解后，我们需要把视角转移到具体的生活中来。我们可以问一个敏感的话题：你今天加班了吗？如果你的回答是肯定的，那么请思考一下你的时间管理能力；如果回答是否定的，那么请总结一下你的高效工作经验。

时间管理是指通过事先规划并运用一定的技巧、方法与工具，实现对时间的灵活有效运用，从而实现个人或组织的既定目标。EMBA、MBA 等主流商业管理教育均将时间管理能力作为对企业管理者的基本要求。在信息爆炸的今天，能够进行有效的时间管理应该成为每个人必备的技能。时间具有严密的逻辑性。线性的时间分为：昨天、今天和明天，或者上午、中午和下午，都具有严格的物理属性。怎样建立关于时间的思维的维度？史蒂芬·柯维在《要事第一》中提出了时间管理的"四象限法则"，即建立一个二维 XY 坐标系，X 轴表示事情的紧急程度，Y 轴表示事情的重要程度。因此，可将事件按照紧急和重要程度划为四个象限：

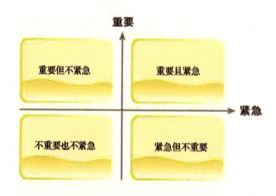

第一象限——重要且紧急的工作。

第二象限——重要但不紧急的工作。

第三象限——不重要也不紧急的工作。

第四象限——紧急但不重要的工作。

这就是一种思维的框架。当我们熟练地运用二维 XY 坐标系的形式来建立思考维度的时候，我们的工作也将随之清晰起来。

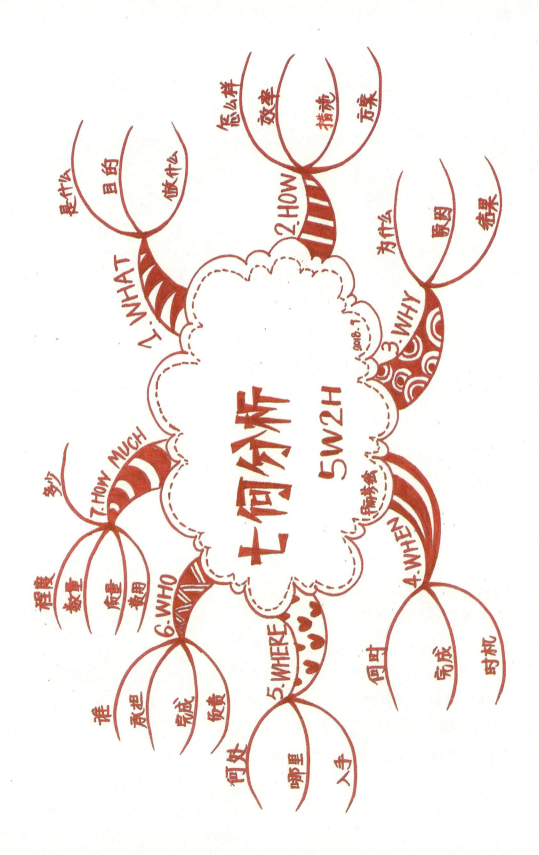

5W2H 分析法又叫七何分析法，由二战中美国陆军兵器修理部创立，该方法简单、方便，易于理解、使用，富有启发意义，广泛用于企业管理和技术活动，对于决策和执行性的活动措施也非常有帮助，有助于弥补考虑问题过程中的疏漏。

第一分支，WHAT：是什么？目的是什么？做什么工作？

第二分支，HOW：怎么做？如何提高效率？如何实施？方法是什么？

第三分支，WHY：为什么要做？可不可以不做？有没有替代方案？

第四分支，WHEN：何时？什么时间做？什么时机最适宜？

第五分支，WHERE：何处？在哪里做？

第六分支，WHO：谁？由谁来做？

第七分支，HOW MUCH：多少？做到什么程度？数量如何？质量水平如何？费用产出如何？

建立起思考的框架，能和我们的学习相结合吗？每个人都有参加考试的经历，可能会有人告诉你："大学毕业了，就不用再考试了。"其实不然，等到步入职场你就会发现，真正的学习才刚刚开始。在学校里我们的身份是学生，步入社会，我们的身份升级为职业人＋学生，所以面临的压力也会更大。怎样利用有限的时间进行有效的学习和考试？这就需要我们对学习和考试有个系统而全面的规划，就是有个清晰的思考框架。我们以小学教师资格证考试为例进行说明（见第 37 页）。

梳理清楚考试的目标，就可以开始着手小学教师资格证考试的复习规划了，这个规划一共分为五个部分（见第 38 页）。

第一分支，考试目的，我们需要知道自己为什么要考试，只有明确清晰的目的以后，你才能知道，如果你想要的东西是你从未拥有过的，那你也将付出从未付出过的努力。考试的目的要明确即取得上岗证、完成任务、基于发展，是为未来加薪、改行、储备能力打基础。

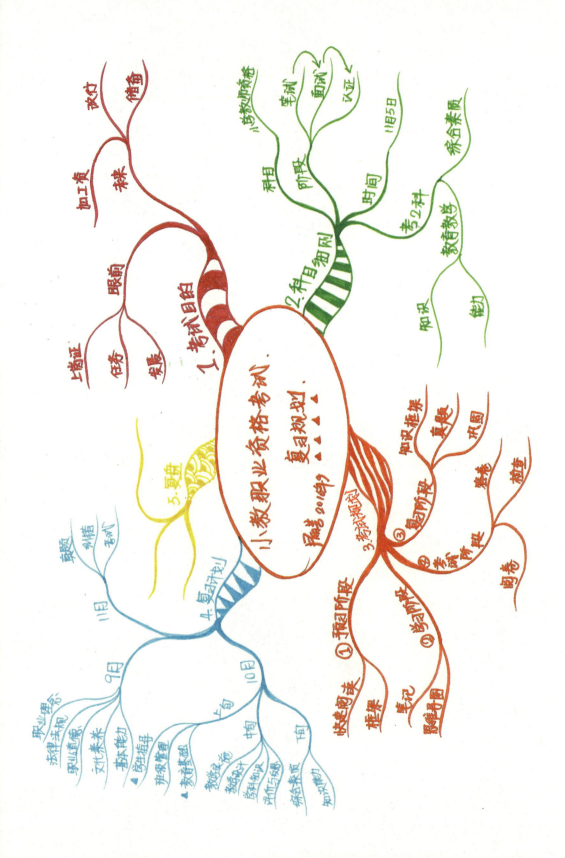

第二分支，了解考试科目的具体细则。科目为小学教师资格证，考试分为三个阶段：笔试、面试和认证。考试时间：11月5日。考两个科目：综合素质和教育教学（知识和能力篇）。通过对科目的分析，可以看到综合素质的考查内容相对较少，教育教学包括知识和能力，应该是重点，可以有效地进行重点复习。

第三分支，考试规划。考试可分为四个阶段：

第一阶段：预习，可以形成框架，用速读的方式进行提炼。

第二阶段：学习，可以形成笔记和思维导图。

第三阶段：复习，可以结合你的笔记去进行正确的练习，多做真题。

第四阶段：考试，在考试时做到阅卷、答卷和检查。

第四分支，复习计划。可按月份来制订计划：

9月复习综合素质：内容包括职业道德、文化素养、基本能力、职业理念、法律法规。

10月复习知识能力。上旬：内容包括学生指导、班级管理、教育基础；中旬：内容包括教学实施、教学设计、学科知识、评价与反思；下旬：对综合素质和知识能力进行系统复习。

11月：做真题、重点纠错和参加考试。

第五分支，复盘。每次考试都可以量化到结果，经历了备考和考试，我们可以有效地总结经验，所以考试完成后一定要进行复盘。如果通过了考试，要知道通过的原因；如果没有通过，要具体分析出未通过的原因，为下一次考试做好准备。考试不是简简单单的一件事，而是一种思维框架的搭建，你的考试框架搭建好了吗？

应用：思维导图与考试规划

你最近有考试计划吗？期末考试，人力资源资格证考试，英语考试，计算机等级考试……

第一步，建立考试的中心，你要参加什么样的考试。

第二步，建立思考的框架。

第三步，具体、详细地说明要做的内容。

第四步，给难点和重点部分添加小图标，提醒自己关注。

第3天　线性思维的制约

线性思维即线性思维方式，是把认识停留在对事物的抽象而不是本质的抽象，并以这种对事物的抽象认识为出发点的片面、直线、直观的思维方式。形式逻辑只是知性逻辑，但如果把其作为思维方式，那就是线性思维方式，这样的思维方式不能把握复杂现象背后的本质和规律。

我们从世界观、人生观萌芽阶段，一直受到的是"线性"教育。上学时打开课本，从第一页、第一行开始阅读和学习；A4纸的运用也是从上往下，从左往右；一天可以简单地分为上午、中午、下午和晚上……线性思维不知不觉地在我们头脑中生根发芽，茁壮成长。所以我们会经常简单地以好坏区分人，用黑白看待世界，一件事情不是对就是错，几乎都是运用的线性的思维方式。以绘画为例：点、线、面构成了二维的世界，面与面相连形成立方体、长方体等三维的世界；当加入了黑、白、灰三大调，亮面、暗面、明暗交界线、反光、投影，又构成了一个多维度综合的世界。这就是艺术创作可以在平面结构上创造出多维世界的原因。

线性思维是一种直线的、单向的、单维的、缺乏变化的思维方式。非线性思维是相互连接的、非平面、立体化、无中心、无边缘的网状结构，类似人的大脑神经和血管组织。线性思维如传统的写作和阅读，受稿纸和书本的空间影响，必须按时空和逻辑顺序进行。非线性思维就需要形成系统、框架和结构。当你拿到一本书的时候，最喜欢的或经常用的阅读方式是怎样的？

（1）直接从正文第一页读起。

（2）先看目录，再读内容。

建议大家在看书时，先看目录，这样就能对整本书形成一个初步的框架和印象。在阅读的时候，大脑中好像有个书架，读到相关内容时就可以把它放到相应的格子里。在阅读的时候需要通观全局，在记忆过程中形成结构。

我们可以借助书的目录，运用三个步骤，快速掌握一本书的结构和重点。

第一步，翻看目录，形成初步印象，借助思维导图画出来。

第二步，关注篇幅。从写作的角度来讲，一本书肯定有重点部分，重点的部分比较难懂，自然会有更多的案例和页数。

从第44页的图中，你读懂了什么？首先可以很快发现本书一共分为五个部分，第二部分"进入导图世界"（6项内容）和第四部分"思维导图的高级运用"（6项内容）相对是重点。

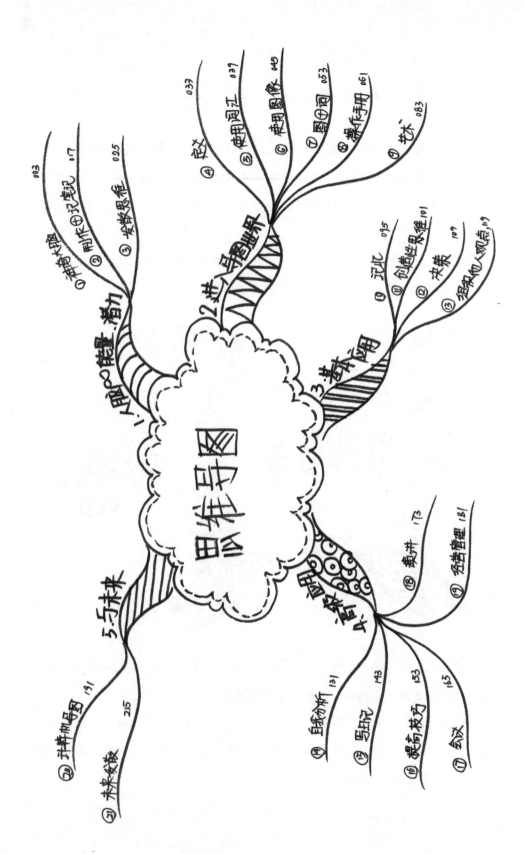

第三步，找到作者想要表达的重点和你想要了解的重点、难点，然后开始阅读。如果你是思维导图初学者，想了解怎样绘制思维导图，第二部分将会成为你阅读的重点。如果你已具有一定的思维导图绘制经验，想进一步掌握如何在更多领域使用，那么第四部分将会成为你阅读的重点。

很多时候，我们阅读都要有明确的目标性，尤其是针对考试的复习。线性的学习强调死记硬背，题山库海。非线性的学习就简单多了，只需把你将面对的学习任务看成一个系统。一本书不再是一段没有尽头的旅程，而是借助思维导图呈现出一幅鸟瞰图，帮你掌握学科知识和重难点。

应用： 思维导图与考试复习大纲

借助全文字版思维导图，我们可以快速而有效地建立起知识体系和结构，例如，导游资格证考试，一共有三本考试用书：《政策与法律法规》《全国导游基础知识》和《导游业务》。每本书都可以按照目录画出简要的思维导图。

《政策与法律法规》通常是难度最大的，我们借助一张思维导图复习大纲来看一下（见第46页）。

第一步，打开《政策与法律法规》目录，进行快速阅读，形成结构性思维。

《政策与法律法规》分为14个部分，第一宪法；第二旅行法制；第三合同法；第四旅行社管理；第五导游、领队管理；第六旅游安全；第七保险法律；第八出入境；第九交通管理；第十住宿管理法；第十一食品安全；第十二资源管理；第十三消费者；第十四投诉管理法。

第二步，准备一张A4纸，横向摆放，就像一幅展开的地图。

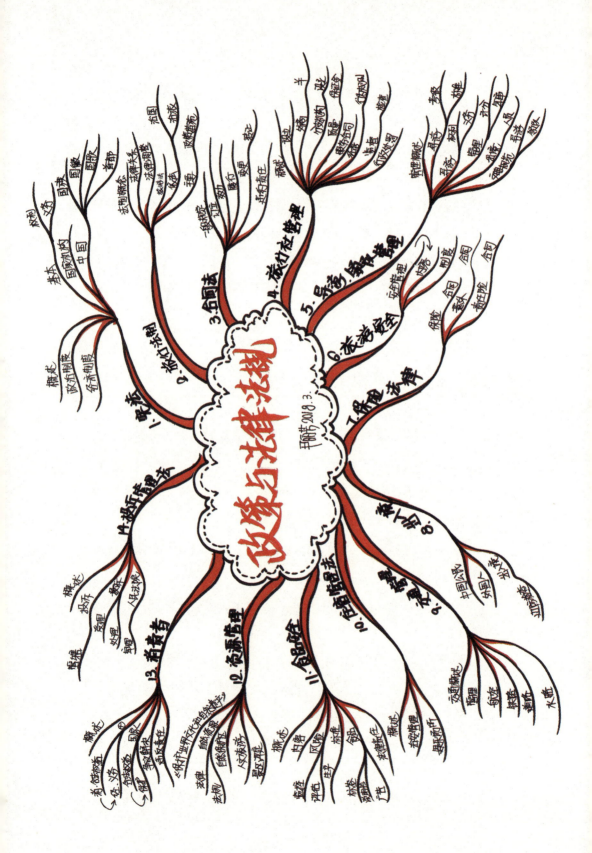

第三步，在纸的中间画出云朵图案，写上主题：政策与法律法规。

第四步，按照目录结构，绘制14个分支。

第五步，提取目录中的关键词，增加分支内容，完成思维导图。

你最近在准备什么考试呢？下面请尝试画出你的考试复习大纲思维导图吧。

第4天　发散的思维和大脑的特性

思维是人脑对客观事物本质属性和内在联系的概括和间接反映。以新颖独特的思维活动，揭示客观事物本质及内在联系，并指引人去获得对问题的新的解释，从而产生前所未有的思维成果，这一思维方式称为创意思维，也称创造性思维。它给人带来新的具有社会意义的成果，是一个人智力水平高度发展的产物。创意思维与创造性活动相关联，是多种思维活动的统一，发散思维和灵感在其中起着重要作用。

发散思维是指个体在解决问题过程中，表现出发散思维的特征，具体表现为个人的思维沿着许多不同的方向扩展，使观念发散到各个相关方面，最终产生多种可能的答案，而不是唯一答案，从而产生有创意的新颖观点。所以当我们用语言表达想法的时候，随时会有一些新的念头和想法产生。

早晨　　心情　　路上　　上班　　奇妙

请用以上词语造句。

例如：<u>今天早晨起来，我的心情就很好，上班的路上发生了一些奇妙的事情。</u>

现在轮到你造句了：_____。

在造句过程中，你会产生一些新的想法或者想出一些其他的词语。

再试一次：_____。

在刚才的过程中，你是否又想到了新的画面和场景？我们的大脑具有这样的特性，当任何信息包括语言、文字、音乐、气味进入我们的大脑，大脑就会海量收集已有的信息，让这个主题更加丰富。我们的脑海中就会出现与此相关的很多场景，注意，这里是场景！这也就意味着包含画面、人物、语言、连续的内容和感官体验。这些都源自你的记忆库，回忆时的信息点越多，你的记忆也就越清晰。

想象是创新活动的源泉，联想使源泉汇合，而发散思维就为源泉提供了广阔的流淌通道。发散思维的主要功能就是为随后的收敛思维提供尽可能多的解题方案。这些方案不可能每一个都十分正确、有价值，但是一定要在数量上有足够的保证。

发散思维具有以下特点：

流畅性。就是观念的自由发挥。在尽可能短的时间内生成并表达出尽可能多的思维观念，并且较快地适应、消化新的思想、概念。流畅性反映的是发散思维的速度和数量特征。

变通性。就是克服人们头脑中自己设置的某种僵化的思维框架，顺着某一新的方向来思索问题。变通性需要借助横向类比、跨域转化、触类旁通，使发散思维沿着不同的方向及从不同的角度扩散，表现出极其丰富的多样性和多面性。

独特性。即人们做出不同寻常的、异于他人的新奇反应。独特性是发散思维的最高目标。

多感官性。发散思维不仅运用视觉思维和听觉思维，而且也充分利用其他感官接收信息并进行加工。发散思维还与情感有密切关系。如果思维者能够想办法激发兴趣，产生激情，把信息感性化，赋予信息以感情色彩，就会提高发散思维的速度与效果。

应用：思维导图与演讲技巧

人们从事任何社会实践活动都有明确的目的性。由于演讲是演讲者与听众的互动，所以演讲的目的就包括演讲者演讲的目的和听众听演讲的目的。通过演讲，演讲者与听众可在某些问题或观念上达成共识；演讲者的每一次演讲都有不同的目的；同时，听众对同一内容的演讲也往往各取所需。

在生活和工作中，我们离不开演讲，因为当我们想要表达自己的时候，其实就是演讲。但是你会看到有人侃侃而谈，就像TED环球会议上的演讲者一样；然后你会觉得自己的演讲糟透了，因为你在公开场合表达自己时就非常紧张，不知道怎样表达，头冒虚汗，脚发软。

怎样有效改善演讲能力？我们可以先从了解演讲开始，从演讲目的来看，可分为四个类型：

（1）改变他人信息：如团队例会，财务报告会，季度报告，项目评估。

（2）改变他人能力：如学术论文，烹饪秀，课堂演讲。

（3）改变他人行为：如工作面试，营销宣传，产品发布。

（4）改变他人信念：如毕业演讲，业务介绍，TED演讲。

一学就会的演讲方案其实很简单。把我们看到的一场演讲，通过联想和想象，"拍摄"成一部电影，你就是这部电影的导演。

当你在准备一场演讲时，会关注哪些问题？你有没有思考过，一场精彩的演讲通常要经历哪几个环节？

第一个环节，制订计划。

包括演讲的主题或名称，演讲时间和时长，地点（熟悉的场地还是陌生的场地），对象（熟悉的还是陌生的）。这是一个知己知彼的过程。

第二个环节，准备演讲稿。

随着准备越来越完备，内容也慢慢清晰起来，这需要结构化的表达，大致有以下几点要求：

（1）标题显目新颖。

（2）称呼能吸引对象——简洁有力（制造悬念）。

（3）开头营造气氛。

（5）正文突出中心——言之有物，观点新颖（到达高潮）。

（5）结束语加深印象——画龙点睛，耐人回味。

第三个环节，练习。

一场大型演讲需要演讲者克服恐惧，可以是演讲者的个人练习，也可以是场景练习，带观众一起练习，进行实地彩排。

第四个环节，现场演讲。

提前的准备、彩排为的就是此刻的精彩呈现，现场发挥及经验运用能力就显得尤为重要了。此刻你或许才发现，我们所欣赏的精彩演讲，原来是四个环节中的最后一个。通常我们只关注舞台的精彩，却忽略了幕后精心的准备。所以当你投入时间和精力去准备一场演讲的时候，相信你也一定会有精彩的表现。

现在我们重点分析一下如何完成一篇结构化的演讲稿。

第一，标题。要求：显目新颖。

(1) 马云《爱迪生欺骗了世界》

(2) 李开复《我所拥有的一切，都要感谢留学》

(3) 马克·吐温《我也是义和团》

(4) 郭沫若《科学的春天》

(5) 泰戈尔《我们不向别人借贷历史》

(6) 华盛顿《我的热情驱使我这样做》

(7) 韦伯斯特《我将时刻准备着》

第二，称呼。要求：吸引对象——简洁有力（制造悬念）。

钱其琛在2002级外交学院开学典礼上演讲时的称呼语：年轻的同行们！

第三，开头。要求：营造气氛，引发听众产生同感；打开局面，引入正题。

（1）用具体事件、实际例子开场。

（2）用故事和笑话打开局面。

（3）用自我介绍开头，让听众尽快了解你。

（4）用感谢称颂的言辞开头。

（5）用符合听者利益的话作开场。

（6）用提问并让听众回答的方法。

（7）用道具展示物进行实地演练。

（8）用名人名言或专家的佐证。

（9）先从一个共同的赞同点开始。

（10）制造紧张的气氛。

（11）开门见山，直奔主题。

第四，正文。要求：突出中心——言之有物，观点新颖，条理清楚，逻辑性强，波澜起伏，扣人心弦，纵横自如。

（1）分清层次：基本方法就是在演讲中树立明显的有声语言标志，适时刺激听众的听觉，从而获得层次清晰、条理分明的艺术效果。

（2）把握节奏：指演讲内容在结构安排上表现出张弛起伏。演讲稿结构上的节奏，主要是通过演讲内容的适时变换来实现的，以便使听众既能保持高度集中，而又不会因为高度集中而产生兴奋性抑制。

（3）紧密衔接：指把演讲中的各个内容层次联结起来，使之具有浑然一体的整体感。

第五，结束语。要求：加深印象——画龙点睛，耐人回味。

（1）演讲稿无论长短，必须有一次或数次高潮。

（2）在保证内容完整的前提下，要注意留有伸缩的余地。

爱迪生欺骗了世界

马云

今天是我第一次和雅虎的朋友们面对面交流。我希望把我成功的经验和大家分享,尽管我认为你们其中的绝大多数勤劳聪明的人都无法从中获益,但我坚信,一定有个别懒得去判断我讲得是否正确就去效仿的人,可以获益匪浅。

让我们开启今天的话题吧!

世界上很多非常聪明并且受过高等教育的人无法成功,就是因为他们从小就受到了错误的教育,他们养成了勤劳的"恶习"。很多人都记得爱迪生说的那句话,"天才就是99%的汗水加上1%的灵感,"并且被这句话误导了一生。勤勤恳恳地奋斗,最终却碌碌无为。其实爱迪生是因为懒得想他成功的真正原因,所以就编了这句话来误导我们。很多人可能认为我是在胡说八道,好,让我用100个例子来证实你们的错误吧!

事实胜于雄辩。

世界上最富有的人——比尔·盖茨,他是个程序员,懒得读书,他就退学了。他又懒得记那些复杂的dos命令,于是就编了个图形的界面程序,叫什么来着?我忘了,懒得记这些东西。于是,全世界的电脑都长着相同的脸,而他也成了世界首富。世界上最厉害的餐饮企业——麦当劳。它的老板也是懒得出奇,懒得学习法国大餐的精美,懒得掌握中餐的复杂技巧,弄两片面包夹块牛肉就卖,结果全世界都能看到那个M的标志。必胜客的老板,懒得把馅饼的馅装进发面饼,直接撒在上边就卖,结果大家管那叫PIZZA,比10张馅饼还贵……

还有更聪明的懒人:懒得爬楼,于是他们发明了电梯;懒得走路，于是他们制造出汽车、火车和飞机；懒得一个一个地杀人，于是他们发明了原子弹；懒得每次去计算，于是他们发明了数学公式；懒得出去听音乐会，于是他们发明了唱片、磁带和CD。这样的例子太多了，我都懒得再说了。

我以上所举的例子，只是想说明一个问题，这个世界实际上是靠懒人来支撑的。世界如此精彩，都是拜懒人所赐。现在你应该知道你不成功的主要原因了吧！懒不是傻懒，如果你想少干，就要想出懒的方法，要懒出风格，懒出境界。像我从小就懒，连长肉都懒得长，这就是境界。

现在请你尝试运用框架，画出这场演讲的思维导图。

然后，请参考我的思维导图，看看我们有什么相同之处，又有什么不同之处。

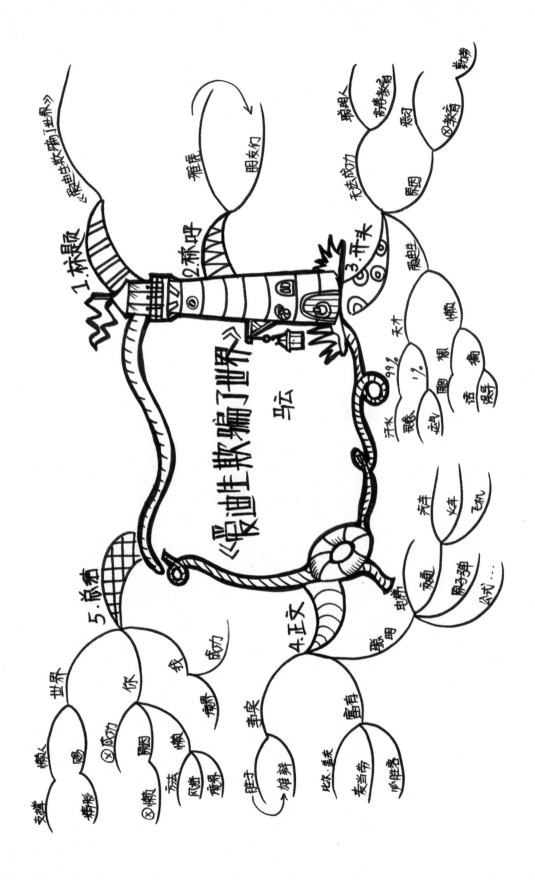

第 5 天　了解思维导图绘制工具

工欲善其事，必先利其器。充分了解绘制工具的特性，能让你的绘制过程更加得心应手。让我们先从基础版的绘制工具开始吧。

我们需要一张纸（A4），一支笔（碳素笔、中性笔都可以），你的想法（这个最重要）。

你可以将头脑中的想法、一本书的目录、演讲的大纲借助笔在纸上画出来（见第 60 页）。

慢慢地，你可能会发现单一的色彩、简单的图案不能更好地表达自己了，这时不妨尝试升级自己的工具。

升级版工具如下：

第一，纸张。A4 或 A3 打印纸，纸质较厚，便于草图修改，涂色时纸张不易起皱。

第二,笔。笔有多种,具体可选择如下:

(1) 针管笔是绘制图纸的基本工具之一,能绘制出均匀一致的线条。

特点:防水不晕染;耐光、防褪色;出墨流畅;笔触顺滑;适用于绘画勾线。

在同一画面上,如果能够同时体现出线条的粗细变化,可以使画面效果显得更加细腻、生动和立体。

笔头 0.1mm 绘制整个形象:

笔头1.0mm加粗外轮廓：

或许我们可以尝试，让外轮廓线更粗壮一些。

笔头0.1mm绘制整个形象：

笔头1.0mm加粗外轮廓：我们可以画2～3遍，让外轮廓线看上去比内部线条粗5倍。看上去怎么样？还不错吧！

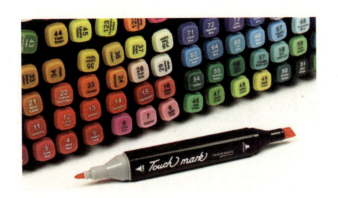

（2）马克笔。马克笔是随着现代化工业的发展而出现的一种新型书写、绘画工具，名字来源于"Marker"，俗称记号笔。马克笔具有非常完整的色彩系统，可供绘画者使用，是一种速干、稳定性高的绘画工具，在设计行业（平面设计、服装设计、工业设计、环艺设计、建筑设计、思维导图等）有着广泛的运用，是设计者表达设计概念、方案构思的不可或缺的工具，同时也被绘画爱好者所喜欢和使用，成为创作表现的新的表达工具之一。

特点：马克笔色泽清新、透明，携带方便；快干；优质墨水，易于融合；笔头耐磨不起毛；笔头平滑，运笔自如；双头设计，满足不同的绘画需求。

马克笔主要用于大面积色块上色，比如中心图案涂色、一级分支涂色及小图标涂色。

马克笔分为水性和油性两种。目前常用品牌：Touchmark 和法卡勒。

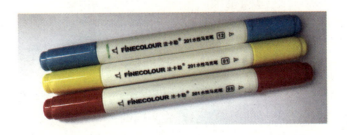

水性马克笔：颜色饱和度相对油性低一些，不会晕染，便于使用，比较适合初学者。

法卡勒马克笔示范色块：颜色饱和度高，会留有笔痕。

油性马克笔：颜色饱和度相对水性高一些，会晕染，不易脱色，保存时间较长。

Touchmark 马克笔示范色块：颜色稳定，饱和度高，用色均匀。

注意事项：使用油性马克笔时，会在纸张上晕开和渗透，可在纸张下方垫一张纸。建议画的时候做到下笔轻，行笔快。

加入色彩以后，同样的图像，会产生不同的视觉效果。我们来测试一下，以下两张图案，你会先关注到哪一张？

A   B

答案：_____

我们再来测试一下，你会先关注到哪一张？

A   B

答案：_____

（3）24色慕娜美水彩笔。这种水彩笔适用于中心图案细节上色、一级分支细部色彩刻画和文字书写。

特点：颜色丰富；纤维笔头，持久耐用；水性油墨，刻画书写流畅。

中心图案细节上色：

一级分支细部色彩刻画：

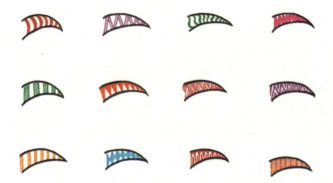

文字书写：

当我们拿到彩笔工具包的时候,可以尝试先用所有的彩笔做一张色卡,以帮助我们认识颜色,在使用的时候便于查找。

(4)勾线笔。

特点:双头设计,适用于绘图勾线、描边;纤维笔头,持久耐用,在绘制思维导图时用于外轮廓的重线勾边。

我在试用了市场上的各类绘制工具后,为大家量身打造出思维导图专用工具包,可以满足初级绘制和高级绘制要求。有了工具包,千万不要忽略一个小动作——制作色卡,它可以帮助你更好地认识和掌握颜色。下图是制作色卡的示范,图中左上角的数字为马克笔的型号。

学生30色

4	6	14	17	22	35	43	44	47	48
51	56	62	68	72	76	82	89	91	98
103	104	120	121	123	125	WG7	WG8	GG3	CG9

第三,储存工具。

(1)储存纸质版本。

活页夹：使用零散的 A4 纸绘制思维导图，画完需要及时存档，首先要在作品上标注日期，然后按照完成作品的时间顺序放入活页夹内储存。

（2）储存电子版本。

拍摄：使用手机软件或者扫描仪

手机软件推荐

扫描宝：

扫描王：

用手机软件拍摄照片时会受光线的影响,晚上拍摄会有投影,或者由于曝光过度产生色差。运用扫描仪,可以不受光线影响,且分辨率更高。扫描以后可以建立网盘,专门存储思维导图图片,也可以同步上传至手机软件"印象笔记"。

应用：用思维导图阅读故事类文章

阅读文章,画出思维导图。

《没有借口》：舍得给自己投资

伯恩·崔西

几年前,我在底特律参加一次研讨会。一个30多岁的年轻人告诉我,10年前,他就听我讲过"3%投资公式"。那时,他从大学辍学,和父母住在一起,每天开一辆旧车上下班,去各个公司上门推销,一年的收入只有2万美元。

那次研讨会后,他决定自己也来一个3%投资,他立即采取行动。2万美元的3%,就是600美元。他用600美元买了销售方面的书,每天研读。他还参加两个音频课程,学习销售与时间管理。他时不时参加销售研讨会。他把600美元都用在了提升自身能力上。

那一年，他的收入从2万美元涨到3万美元，增加了50%。

他说，每一个百分点后，他看了多少书、听了多少资料，他心里一清二楚。

第二年，他将3万美元的3%，即900美元，继续投资在自己身上。

那一年，他的收入从3万美元涨到5万美元。他开始想："如果每年将收入的3%投资在自己身上，收入就能增加50%，那么投入5%，将会怎么样呢？"

第三年，他按照5%的收入比例，在自己身上投资2500美元。这笔钱让他有机会参加更多的研讨会，他常常奔波各地参加会议，他买了大量音频、视频等学习资料，还聘请了一名兼职顾问。

那一年，他的收入翻了一番，达到10万美元。

不久，他一鼓作气，又将投资标准提到10%。此后，一直维持不变。我问他："把收入的10%投到自己身上，你的收入有什么变化？"

他笑了笑，说道："去年，我的收入超过100万美元。我决定依旧维持10%的比例不变。"

"那是不少钱啊，你准备如何把这些钱投资在自己身上？"

他说："有点困难，我必须从1月开始打算，这样，年底前才能把这些钱都花完。现在，我有一个形象顾问，一个销售顾问，还有一个演讲顾问。我家里有一个很大的书房，所有能找到的有关销售、成功学方面的书籍、音频、视频，我都有。我还定期参加国内和国际的销售会议。所以，我的收入每年都在持续增长。"

阅读完，我们会觉得这是一个好故事，但要清晰地讲出这个故事，和别人分享时，很有可能遇到困难："我那天看了一个投资自己的故事，很好！讲的是……我忘了……"

下面，我们就借助思维导图，画出这个故事吧！

第一步，我们需要一个中心图案，用云朵的形状来表示。记得把主题写在里面。

第二步，面对一个比较复杂的故事，建立思考框架是一个不错的选择，就像这样。

第三步，按照时间、地点、人物、起因、经过、结果这六个要素，从文章中找到必要的关键词（见第73页）。

第四步，我们可以把那些觉得重要的部分，加上小图标，以帮助自己理解和记忆。例如：时间可以用闹钟表示，地点可以用高尔夫球球洞表示，人物可以用头像表示……

请你尝试用思维导图，和伙伴们分享一个个精彩的故事吧。

第 6 天　尝试将你的想法呈现出来

当人们沉浸于当下某件事或某个目标时，会全神贯注、全情投入并享受其中，由此体验到的精神状态叫作心流（flow）。心流由积极心理学家米哈伊·奇克森特米哈伊在 2004 年提出，认为它就是人们获得幸福的一种可能途径。心流也可称之为福乐、沉浸、神驰、化境。心流是一种将个人的精力完全投注在某种活动中的感觉，心流产生时会伴有高度的兴奋及充实感。

我们普通人能获得心流的体验吗？想象一下你全身心地投入某件事时的心理状态，比如你在认真看书，孩子在专注玩玩具，学生在专心听课，你在画思维导图时……都可以产生心流，而当人们处于这种情境时，往往忘却了时间，忘却了空间，世界上好像只有你一个人。你会专注于当下，能清晰感知每一个想法、每一个动作。思绪像行云流水般顺畅。你会全神贯注，不愿被打扰和打断。

心流的产生往往符合三大条件：目标清晰、即时反馈、挑战与技能匹配。《刻意练习》（安德斯·艾利克森）一书中有类似的观点，提出"刻意练习"这个概念的是佛罗里达州立大学心理学家安德斯·艾利克森。这套练习方法的核心假设是，专家级水平是逐渐地练出来的，而有效进步的关键在于找到一系列的小任务，让受训者按顺序完成。这些小任务必须是受训者恰好不会做，但是又可以通过学习掌握的，完成这种练习要求受训者思想高度集中。

《21 天学会思维导图》一书中的 21 个练习，就是设计的一系列小任务，相信你通过学习可以完成练习，通过一系列刻意的练习，你也可以达到专家级水平。刻意练习针对的是每个希望成为最好的自己的人，以及所有想掌控自己的人生、不甘平庸的人们。产生心流的三个条件中，最重要的是挑战与技能的匹配，也就是说，我们心流的产生依赖于个人能力与挑战难度的匹配。

当你自身的技巧水平较高时

面对挑战任务：较高。我们就比较容易在完成这件事的过程中感受到心流。

面对挑战任务：中等。我们会感觉到对这件事有"掌控感"。

面对挑战任务：低。我们会感觉很放松，觉得毫无压力。

当你自身的技巧水平中等时

面对挑战任务：比较高。我们会有一种"被唤醒"的感觉，产生必要的兴奋感和紧张感，感觉被激励，这样就可以向心流状态迈进一步。

面对挑战任务：比较低。我们可能会觉得很无聊。

当你自身的技巧水平较低时

面对挑战任务：中等。我们会因能力不足对这件事感到担忧、焦虑。

面对挑战任务：较低。我们就会觉得这件事很无聊，但又做不好，陷入一种"彻底无感"的状态。

各领域的杰出人物都是靠大量练习而最终有所成就的。经观察分析、总结得出，杰出人物几乎拥有相同的成长路线：

（1）对某一事物产生兴趣。

（2）从兴趣，慢慢变得认真。

（3）开始全力投入，学习，练习，运用。

（4）在学习基础上，融入自己的观点，不断开拓创新。

我们的大脑具有强大的适应能力，一个人遇到的挑战越大，大脑的变化速度就越快，学习也越高效，但需要注意的是，过分逼迫自己也可能导致对该事物产生倦怠感。因此，处在舒适区之外，离挑战有一点距离，可以使大脑获得的改变最为迅速。如果你已经有了自己的成长路线，请参考上面总结的杰出人物的成长路线；如果还没有形成，我们可以尝试着从以下三个方面获得：

（1）去尝试每一件自己喜欢的事情。在为喜欢的事情努力时，如果存在内在动机，人们就会更容易进入心流的状态。只有通过实践去尝试做一件事，你才会真正体会到自己对它的感受。光靠想象、分析和测试都不能真正帮你达到这种状态。就像在岸上无法真正学会游泳一样。

（2）设立明确而具体的目标，并主动寻找标准的反馈。目标越明确，我们对于自己能否胜任这项工作就越清晰，越能够专注地努力，而不会左顾右盼、犹豫拖延。寻找反馈，能够帮助人们及时做出调整，避免因反复失败而消耗热情与精力。就像我们在玩游戏时，首先，目标是清楚的，比如打下敌人飞机、打死一组组怪兽、组合消除图形、寻找藏宝图中的宝物、累积分数参加排行榜等；其次，每段游戏操作的成败可以立即得到回馈，每局的排名立刻揭晓，基本上游戏的成败和排行是马上可以知道的。

（3）在完成某一项具体的任务时，有些小技巧能够帮助我们更好地集中注意力，比如将一个复杂任务分解成若干个小的任务，并为小任务分配时间，形成进度清单。在每次开始任务时，对照清单，明确目标和进展，就能帮助我们清除杂念，因为我们只需按着进度走即可，无须多想其他。

获得心流幸福体验的方法

第一，减少外界事物的干扰。因为处于心流状态的人，不愿被人打扰和打断，嘈杂的环境很难让人进入心流状态，所以了解自己很重要，例如：哪些事容易对自己造成干扰,避开或提前阻止。比如:听课的时候一个相对封闭而且安静的环境,看书时手机调至静音状态。

第二,做个深呼吸、听听轻音乐或者进行冥想等,都是很好的准备方法,能够帮助我们更好地进入心流状态。"心流"更多时候是一种在回溯中才能被意识到的状态,是一种自我联想和想象相互作用的状态。

如果我们太刻意地去寻找心流,可能会阻止或破坏即将出现的心流,适得其反。从喜欢到热爱,从热爱到投入,从投入到忘我,是心流形成的基础核心。有时候忘记自己,和看见自己一样重要。

应用: 用思维导图建立一个"我喜欢的……"思考框架

大家可以看到,下面的思维导图中有一个可爱的孩子,戴着一顶向日葵帽子,手托着粉嘟嘟的小脸蛋,她在思考她喜欢的事情。你可以借助模板写出你最喜欢的事情吗?然后尝试把内容填写到一级分支和二级分支上,记得字要写在线上哟。

第 7 天　专注于现在，找到属于你的宝藏

思维导图作为思维的工具，可以帮助我们进行主动的学习，形成知识的框架。在形成知识框架的过程中，充满个体性、特殊性和不确定性。每个人作为独特的个体，在接受外界信息刺激的时候，会激活内部知识和经验，然后有意识地增补内容。一般情况下，世界上没有两个人的思维发展过程是完全相同的。

我曾有过一次神奇的体验，就是身在剧场听戏，思想却游历四海八荒。其实我们每个人都可以为自己创造一场思维的盛宴，在这个过程中你可以清晰地看到思考的过程，更好地理解大脑思考的过程和特点。

2017 年 9 月我去了南京博物院，在博物院尽头有个演出京剧的小剧场，每天下午有两出戏。第一出戏是《包公赔情》，讲的是包拯的嫂娘在家里满心欢喜，其儿子包勉任陈州放粮官；这时嫂娘却得知包勉被包拯斩了，一气之下找包拯兴师问罪；后得知包勉因枉法被铡，包公不得已为大义忘小义，才有了这段《包公赔情》。

听着听着，我突然好奇起来，为什么把京剧叫作国粹，从何而来？于是上网查阅，了解了京剧的起源、演变与发展。

同时，通过思维延伸，我在网上查询关键词"京剧角色"，得知了京剧在塑造人物和角色方面有其独特的造型语言。

了解了角色以后，我开始专注地听起戏来。悠扬、婉转的节奏，如歌如诉的乐曲。是什么样的乐曲才能达到这样的表现力？不由地，我又主动学习了一番京剧乐器的相关知识。

在我天马行空的思考过程中，第二出戏《窦娥冤》开场。我便上网查阅了《窦娥冤》的剧情梗概、由来及元杂剧的一些知识。

　　京剧中有华美的服饰、唱念做打四大基本功和丰富的故事呈现，但我们无法在更多的舞台欣赏到它，真的很遗憾。说到京剧的传承，我想起了王珮瑜。她是上海京剧院著名京剧余派（余叔岩）女演员，师从王思及。她扮相俊秀，演唱古朴隽永。我记得看到过这样一个场景，王珮瑜表示希望参加更多的综艺节目，展现国粹的魅力，让更多的人关注京剧。这个场景一直萦绕在我的脑海中，在此刻产生了共鸣。

　　还有一档节目请到了裘继戎，他是京剧裘派嫡系第四代继承人，跨界艺术家。他和戴荃合唱《刀剑如梦》，优美的唱腔，浑厚的嗓音，我觉得他就是悟空，桀骜不驯，走自己的路。

当我想到"老旦"时，一个名字闯入我的脑海——孟小冬（1907—1977）。她是北平宛平（今北京）人，梨园世家出身，是早年京剧优秀的女老生。人称"冬皇"的孟小冬，是京剧著名老生余叔岩的弟子，余派的优秀传人之一。她的扮相威武、神气，唱腔端严厚重，坤生略无雌声。我曾经在电影《梅兰芳》中看到过章子怡的扮相。

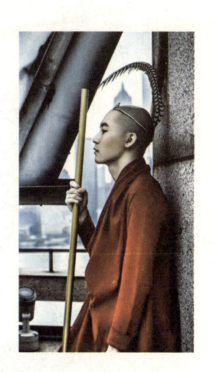

当我正在延展着我的思路时，一位头发花白的老先生对我说："上海除了王佩瑜，还有一个蓝天也很棒哦，顶起了中国京剧的半壁江山呀！"这句话勾起了我的好奇心，查询关键词"蓝天 京剧"得知，蓝天，男，上海京剧院二团优秀青年演员，工老生，宗余派。常演剧目有《智取威虎山》《失街亭·空城计·斩马谡》《四郎探母》《定军山·阳平关》《战太平》《大保国·探皇陵·二进宫》等。

身在小小一方戏台前，心却领略戏剧的无限精彩。我的思维穿越古今，让我领略了京剧国粹之美，顿时，我竟然有了一种运筹于帷幄之中，决胜于千里之外的感受。

应用：用思维导图高效学习，让你事半功倍

尝试阅读以下短文，提取关键词，完成思维导图，形成属于你的认知框架。

SMART 原则（S = Specific、M = Measurable、A = Attainable、R = Relevant、T = Time-bound），实施目标管理不仅可以使员工更加明确、高效地工作，而且为管理者考核员工绩效提供了考核目标和考核标准，使考核更加科学化、规范化，更能保证考核的公正、公开与公平。

Specific——明确性

所谓明确性，就是要用具体的语言，清楚地说明要达成的行为标准。明确的目标几乎是所有成功团队的一致特点。很多团队不成功的重要原因之一就是目标定得模棱两可，或者没有将目标有效地传达给相关成员。

实施要求：目标设置要有项目内容、衡量标准、达成措施、完成期限及资源要求，使考核人能够很清晰地看到部门或科室的月计划要做哪些事情，计划完成到什么样的程度。

Measurable——衡量性

衡量性就是指目标应该是可衡量的，应该有一组明确的数据，作为衡量是否达到目标的依据。

实施要求：目标的衡量标准应遵循"能量化的质化，不能量化的感化"这一原则，使制定人与考核人有一个统一的、标准的、清晰的、可度量的标尺，杜绝在目标设置中使用概念模糊、无法衡量的描述。对于目标的可衡量性，应该首先从数量、质量、成本、时

间、上级或客户的满意程度五个方面来进行；如果仍不能进行衡量，则可考虑将目标细化，细化成分目标后再从以上五个方面衡量；如果仍不能衡量，可以将工作进行流程化管理，通过流程化管理使目标实现可衡量。

Attainable——可实现性

目标是要能够被执行人所接受的，如果上司利用一些行政手段及权力性的影响力一厢情愿地把自己制定的目标强压给下属，下属典型的反应是心理和行为上的抗拒——我可以接受，但能否完成这个目标，我没有明确的把握。

实施要求：目标设置要坚持员工参与、上下沟通，使拟定的工作目标在组织及个人之间达成一致。既要使工作内容饱满，也要具有可实现性。可以制定跳起来就能"摘桃"的目标，不可制定跳起来"摘星星"的目标。

Relevant——相关性

目标的相关性是指实现此目标与实现其他目标的关联情况。如果实现了这个目标，但与其他的目标完全不相关，或者相关度很低，那么这个目标即使达到了，意义也不是很大。

Time-bound——时限性

目标的时限性就是指目标的完成是有时间限制的。

实施要求：目标设置要有时间限制，根据工作任务的权重、事情的轻重缓急，拟定出完成目标项目的时间要求，定期检查项目的完成进度，及时掌握项目进展的变化情况，以便对下属进行及时的工作指导，根据工作计划的异常情况变化及时做出调整。

第三部分
成功晋级

第 8 天　你可能遇到的进阶障碍

我们已经历了第一个学习周期，或许在这个过程中你有一点点想放弃的念头，因为你经历的是思维改变。史蒂芬·柯维在《高效能人士的七个习惯》中讲道：如果我们只想让生活发生相对较小的变化，那么专注于自己的态度和行为即可，但是实质性的生活变化，还是要靠思维的转换。《高效能人士的七个习惯》提出的自我管理要义就是人比事更重要。书中提到的七个习惯是：积极主动、以终为始、要事第一、双赢思维、知彼知己、统合综效、不断更新。这就是在引导我们，想成为高效能人士，必须建立七个习惯的思维框架，形成更多的思考。

在接下来的学习中，难度会明显加大。内容会从广度和深度上扩展，思维导图的运用也会越来越丰富。这就意味着我们的学习重点将从画出思维导图向运用思维导图扩展，你需要面对更多的信息，接受更难的任务，当然，这也会让你的大脑变得更加聪明。你的思考习惯和理解能力将得到进一步的提升，这理解起来可能有点抽象，我们结合生活实例来分析。

你会开车吗？

我们生下来会开车吗？

学习开车我们经历了哪几个阶段？

（1）我不会开车。

（2）进行理论学习。

(3) 参加考试：理论、场考、路考。

(4) 新手上路。

(5) 成为老司机。

为了获得机动车驾驶证，我们需要参加考试，考试科目内容及合格标准是全国统一的，该考试分为理论知识、场地驾驶技能、道路驾驶技能及文明驾驶相关知识三个科目四项考试，考试的基本流程为填写表格、身体检查、受理、缴费、考试、制证等。该考试的目的是保障行车安全，有利于大众安全。

现场考试科目内容及合格标准是全国统一的，考试顺序按照科目一、科目二、科目三、科目四依次进行，前一科目考试合格后，方准参加后一科目的考试。

科目一：考查道路交通安全法律、法规和相关知识，考试题库的结构和基本题型由公安部制定，省级公安机关交通管理部门结合本地实际情况建立本省（自治区、直辖市）的考试题库。

科目二：考查场地驾驶技能，考试项目包括：倒车入库、坡道定点停车与起步、直角转弯、曲线行驶、侧方停车。上海等城市科目二为九项必考：倒车入库、直角转弯、侧方停车、隧道行驶、停车取卡、曲线行驶、窄路掉头、紧急停车、坡道定点停车和起步。

科目三：考查道路驾驶技能，考试基本项目包括：上车准备（逆时针绕车一周、上车系安全带、开启左转向灯、挂挡、松手刹、鸣喇叭）、起步、直线行驶、变更车道、通过路口、靠边停车、通过人行横道线、通过学校区域、通过公共汽车站、会车、超车、掉头、夜间行驶。

科目四：考查安全文明驾驶常识，考试项目为安全文明驾驶相关知识。

考试合格标准如下：

(1) 交通法规及相关知识（科目一）——笔试。100 分为满分，90 分以上为合格（包括 90 分）。

（2）场地驾驶（科目二）——场内，实车。只分合格和不合格。倒车入库、侧方位停车、S弯、直角拐弯、坡道定点起步与停车，这五项必考且依次进行。100分为满分，80分以上为合格（包括80分）。

（3）道路驾驶（科目三）——公路或模拟场地，实车。100分为满分，大型客车90分以上，大型货车80分以上，其他车类90分以上为合格。

（4）安全文明驾驶相关知识（科目四）——笔试。100分为满分，90分以上为合格（含90分）。

当你通过了所有的考核，拿到驾驶证，你就成为一名合格的司机了吗？你有过死死把着方向盘不撒手，上坡起步熄火把自己吓个半死，路过路口吓出一身冷汗的经历吗？那时候你才会发现，通过驾驶证考试，你仅仅学会了驾驶知识和基本的技能，但是现实中复杂的场景要困难很多。当你的汽车跑了100公里、1000公里、10 000公里、100 000公里以后，你会发现，路过路口时你不再紧张，你在瞬间完成了三个过程。

（1）收集信息：行车路线，交通信号灯，路况，行人数量和情况，车辆的操作。

（2）大脑中产生一系列处理程序：观察信号灯，做出判断，红灯停下，绿灯通行；打转向灯，观察周围车辆，判断是否可以通行；斑马线礼让行人，通过路口。

（3）最后正确驾驶，顺利通过路口。

这是我们通过刻意练习形成的大脑的图谱，它可以帮助我们完成一系列的复杂动作。接下来，我们将运用思维导图帮助我们有效沟通，这里所说的沟通不是简单的沟通，而是复杂的人际沟通。沟通不只发生在职场中，除了吃饭、睡觉，沟通是每天都必须面对的事。不管你想不想，愿不愿意，都需要和人沟通。但就是这么一件平常的事，有些时候却偏偏做不好。原因就是对于沟通这件事了解得太少。

应用：用思维导图高效沟通

沟通是人与人之间、人与群体之间传递和反馈思想与感情的过程，以求思想达成一致，感情保持通畅，这也是现代职业人必备的职业能力之一。

首先我们来看一看沟通的四种目的。

表3-1 沟通的四种目的

序号	需求类别	表现形式	目的
1	生理需求	说话	只为说话
2	求认同需求	建立自我认知	从外在看到自己
3	社交需求	建立友谊	心理需求
4	实际需求	解决问题，沟通工具	升值、加薪

接下来我们了解一下沟通发生的四种场景。

学校：面对的是同学和老师。

家庭：面对的是爸爸、妈妈、爷爷、奶奶、外公、外婆，叔叔和阿姨等亲戚。

社会：面对的是各种类型的朋友，如狐朋狗友、蓝颜知己、死党和闺蜜。

职场：面对的是上级、平级和下级。

最后，我们再来看一下有效沟通的四个步骤，依次为信息发出—信息接收—信息反馈—达成共识。如果没有按照这四个步骤进行，结果会怎么样？

（1）只完成单方面信息发出：单方交流，完成告知，但未获得反馈意见，无法确认沟通双方的身份和角色定位。

（2）只进行到信息接收：信息完成发出和接收，对于双方来说好像都完成了，但由于对内容未进一步确认，事情不了了之，容易产生不必要的误会。

（3）只进行到信息反馈：反馈以后需要对具体的内容达成共识，否则容易出现沟通双方理解不一致的情况。

（4）完成四步，最后达成共识：形成有效沟通。

良好的沟通能力与人际关系并非与生俱来，我们可以借助思维导图来提升自己的职场沟通技巧。下面是四个实用的职场沟通技巧。

（1）换位思考：能够体谅对方的感受和需要，设身处地为他人着想，以体谅的心态学会体会对方的需求和感受，便于进一步了解对方的心理，以便更好地把握对方的想法，进行沟通。

（2）善于询问与倾听：一个善于沟通的高手，一定是善于询问对方、引导对方并倾听对方的意见和感受的。当对方欲言又止、行为犹豫不决的时候，可以通过询问的方式来引导对方表达出真正的想法、意见和感受。

（3）注意沟通的目的、对象、时间和气氛：根据沟通的目的及对象，选择恰当的时间和情景，这往往影响到你与他人的沟通效果。

（4）有效提问：多采用开放式的提问来开启话题。封闭式提问："是不是""对不对"之类的选择题。开放式提问："为什么""有什么""是什么"之类的语句，可以促进更好地沟通交流。

思维导图沟通模型

举例：小王是一家百年制药企业 OTC 部的销售经理，计划去拜访拥有 200 家连锁药店的王总。小王希望通过拜访，使上市的新药××冲剂进入王总的企业予以销售。

销售沟通方案

一张思维导图助力沟通,你看懂了吗?

思维导图沟通练习

练习开始了,使用思维导图设计你的沟通方案吧!

5W2H 沟通模型

第 9 天　思维导图绘制的四个步骤

今天你需要试着画出一幅完整的思维导图，经历从无到有的过程。你会从中获得心流的体验，因为你会从舒适区迈进学习区，你需要独自面对那些复杂的内容和信息。首先看看我们接下来需要完成的任务是什么。

> 观察第 98 页的思维导图，你看到了什么？请逐一记录下来。

我的答案是：魔法师、小丑、翅膀、菠菜、地球、锚、灯塔、船、粗壮的双线、细细的单线、大脑、笔记、龙卷风、钉子、瓷碗、彩虹、手、灯泡、拍卖槌、放大镜、锁、话筒、舞台、箭头、计算机、思维导图、礼花、大大的字、中间大小的字、小小的字……

你能分析一下它们之间的关系吗？请你逐一写下来！

线条的关系，由粗到细体现了由主到次的关系。

图案的关系，由大到小体现了由主到次的关系。

文字的关系，由大到小体现了由主到次的关系。

准备工作

（1）纸张：A4 打印纸。

（2）笔：针管笔、马克笔、慕娜美。

你需要将 A4 纸横折三折，竖折三折，你将获得一个九宫格的形状。

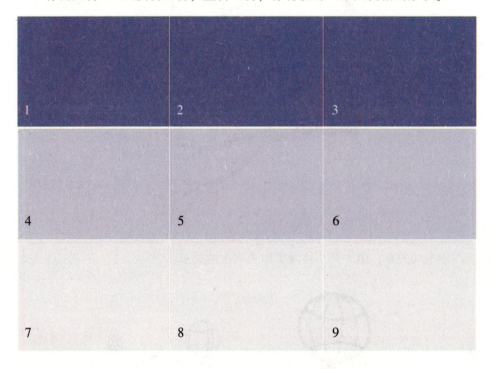

5 号位于中间，非常重要，所以最重要的内容要放在此处。

中心图的绘制

一开始我们很难去直接创作中心图案，杰夫·戴维森在《好点子都是偷来的》一书中讲到：太阳底下并无任何新鲜事，除非在我们还是猴子的时候。当我们说某些东西是原创的时候，可能我们只是还不知道其出处，或者它被更好地改写了。在作者看来，点子就分两样：值得抄的和不值得抄的。而你需要做的就是记录下那些值得你抄的，以备不时之需。

所以你可以大大方方地借助百度图片，搜索你需要的中心图案，但需要注意输入尽可能详尽的关键词，比如你想搜索思维导图，如果你只是笼统地输入关键词"思维导图、卡通图片"，那么你就会搜索到以下图案。

建议输入关键词"思维、卡通图片"，得出下面的搜索结果。

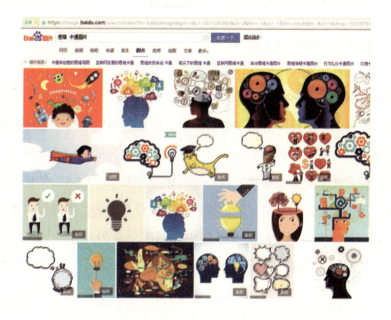

建议输入关键词"图、卡通图片",得出如下搜索结果。

选择图案时应遵循两个原则,第一,择你所爱;第二,择你所能。择你所爱,是指选择你喜欢的,这样一定会在你的脑海中形成记忆链接。择你所能,是指选择你能画出来的。

当你绘制的思维导图达到300张以后,你也逐渐培养起了创作思维导图中心图案的能力。人所接触的知识可分为两类:内储知识和外储知识。有必要完整、准确地牢记在头脑里,以备随时运用的知识,为内储知识;没有必要完整、准确地记在头脑里,只记住内容的梗概及出处,用时可以顺利查找到的知识,为外储知识。起初可以把中心图案定义为外储知识,借助外脑(电脑)查询,加以使用。当外储知识达到一定数量后,也会转化为内储知识。

下面我们就来看一下中心图案绘制步骤分解图。

第一步，绘制轮廓，工具：针管笔。

第二步，颜色平涂，工具：马克笔。

第三步，加粗轮廓线，工具：针管笔或马克笔。

再来看一组分解图。

第一步，绘制轮廓，工具：针管笔。

第二步，颜色平涂，工具：马克笔。

第三步，加粗轮廓线，工具：针管笔或马克笔。

思维导图的绘制步骤

接下来我们看"激活你天赋的才能"课程的PPT，怎样将其变成思维导图？其中考查的要点是改变我们传统的线性思维，运用左右脑，产生联想和想象，形成结构和框架。

第一步，确定中心图案。要与中心主题有关，画在纸的中央，颜色数量大于3种小于7种，充满联想和想象。激活天赋的才能，将获得更多的可能，乘坐火箭登上外太空就是个很棒的想法！

第二步，确定一级分支。按顺时针绘制，双线构成，曲线形式，左右归类，互不交叉。该课程分为四个部分，可以先画出四个一级分支，并标上关键字。

第三步，确定二级分支和关键词（见第 107 页）。关键词的提炼要准确，一个词一条线，需要从左到右书写，字写在线上。在听课的过程中，可以留意关键词，并及时把它记录下来。

第四步，添加色彩和小图标（见第 108 页）。颜色数量大于 3 种小于 7 种，一级分支数量大于 3 个小于 7 个，重要内容用小图标画出。平时需积累图标，形成图标库。神奇的大脑用了灯泡图标，象征新的想法和好的主意；大脑瑞士军刀，我画了形象的瑞士军刀；生活应用，我画了便利贴，随时随地友情提示；发展的未来，我画了一座奖杯，奖励更多的可能。

应用：用思维导图快速画出课程笔记

课程主题

课程大纲

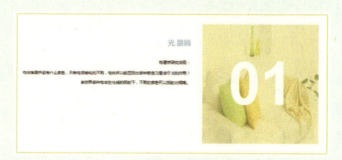

课程要点1

课程要点 2

课程要点 3

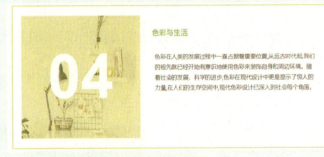

课程要点 4

第一步，确定中心图案。

第二步，确定一级分支。

第三步，确定二级分支和关键词。

第四步，在重点的内容处添加小图标。

以下是廖丹绘制的《思维导图·色彩应用》。

第 10 天　准确理解很关键

学习到现在，你会发现绘制思维导图的过程其实就是你思考的过程，思维导图上呈现的是你的知识储备、过往的经验和经历。

所以我们可以把绘制思维导图定义为思维导图思考法，需遵循四个准则：

第一，明确目标，结论先行，表现为中心图案和内容。

第二，使步骤和流程清晰，表现为一级分支。

第三，使工作方法或者动作详尽，表现为二级分支和关键词。

第四，给重点工作加上重点符号、小图标。

我们借助思维导图，把隐形的思考进行显现的呈现，把动态的思考进行静态的呈现。思维是什么？思维最初是人脑借助语言对客观事物的概括和间接反应的过程。思维以感知为基础，又超越感知的界限。它帮助人们探索与发现事物的内部本质联系和规律性，是认识过程的高级阶段。思维对事物的间接反映，是指它通过其他媒介的作用认识客观事物，借助已有的知识和经验、已知的条件去推测未知的事物。思维的概括性表现在它对一类事物非本质属性的摒弃和对其共同本质特征的反映。随着研究的深入，人们发现，除了逻辑思维之外，还存在形象思维、直觉思维、顿悟等思维形式。

我们无法直接说明思维是什么，但是可以借助具体的事例呈现思维。以我们进入新的工作岗位为例，怎样才能快速了解工作？

首先需要了解工作是什么，对于你而言它的意义何在。结合马斯洛需求层次理论，很容易得知自己工作的意义和价值。

马斯洛需求层次理论把需求分为生理需求（Physiological needs）、安全需求（Safety needs）、爱和归属感（Love and belonging）、尊重（Esteem）和自我实现（Self-actualization）五类，由较低层次到较高层次依次排列。当你实现的价值越高，意味着你需要付出的也就越多。

职场新人需要知道三大纪律：

（1）超强的生存力。校园和公司是两个完全不同的环境，步入职场是从书本知识学习向实际工作能力转变的一个过程，所以超强的生存力，对于刚刚参加工作的新人来说至关重要。

（2）谨言慎行，勤快工作。职场文化有成文的，也有未成文的，需要自己去摸索。

（3）沟通合作，融入团队。有位人事经理曾说："我从不录用不积极参加集体活动的毕业生。"在一个大集体中，要完成一项工作，占主导地位的往往不是一个人的能力，而是成员之间的协作能力。

每个企业对每个岗位都有特定的要求，新员工要尽快找到进入工作状态的方式，快速准确地理解自己工作的所有内容，并找到实施的方法。简单来说，本职工作可以分为三大类：日常工作、临时工作、创新工作。

如果没有清晰地了解工作，你或许会觉得工作就是一堆永远做不完的事，工作就是永远解决不尽的麻烦。三种工作类型中，日常工作属于短期工作，周而复始，不断地重复，如果你的工作只聚焦在这一部分，时间一长，你就不会再有工作的热情，因为你轻轻松松就能完成。接下来，我们参考某单位办公室文员岗位职责说明书来进行分析。岗位说明书规定了企业期望员工做些什么，规定员工应该做些什么、应该怎么做和在什么样的情况下履行职责。了解工作从岗位说明书开始（参见表3-2），就像打游戏先看攻略一样。

工作的三种类型

表3-2 办公室文员岗位职责说明书

岗位目的	完成办公室日常文秘、行政工作。
岗位职责	1. 需要负责认真贯彻执行党和国家的政策法规和中心的各项规章制度； 2. 需要负责综合日常事务； 3. 需要负责中心的各种文件的打印； 4. 需要负责中心材料的领取； 5. 需要负责整理各类文件的收发登记； 6. 需要负责办公室的日常管理，接受投诉和来访接待，收发传真； 7. 需要负责中心会议的统筹、通知、组织和会议记录整理。
工作关系	向上关系：受办公室经理领导，对经理负责 平行关系：与本部门人员保持业务关系；与其他部门人员保持业务关系
岗位资格要求	熟悉办公室工作
岗位技能要求	熟练使用办公软件，熟练制作Word、Excel文档，会制作PPT

通过上表我们可以清晰地看到，办公室文员要完成的日常工作一共有 7 个方面的内容，我们再逐一细化一下，让它变成具体的事务或动作（见第 116 页）。

临时工作属于突发性工作，有时会让你措手不及，不可控、不可预见，处理临时工作也是职场学习的最好机会（见第 117 页）。理性面对临时工作的三个方法：

（1）及时学习企业相关工作的文件和制度，向领导和同事请教经验。

（2）养成记录工作笔记和及时复盘的习惯。

（3）对经常出现的临时工作，进行制度化管理，形成文件和文案。

创新工作属于长期工作，可以制订年度计划。通过创新工作，你可以不断地学习新的知识和技能，创造属于自己的核心价值（见第 118 页）。

史蒂芬·柯维在《高效能人士的七个习惯》一书中提到的第二个习惯是"以终为始"（Begin with the end in mind）。以终为始这个习惯讲的是：先在脑海里酝酿，然后进行实质创造，换句话说，就是想清楚了目标，然后努力实现之。以终为始的习惯适用于各个不同的生活层面，而最基本的目的还是人生的最终期许。可以挖掘人们心底最根深蒂固的价值观，间接触及影响圈的核心部分。从此时此刻起，你的一举一动，你的一切价值标准，都必须以人生的最终愿景为目标；也就是说，由个人最重视的期许或价值来决定一切。确认使命也意味着，着手做任何一件事前，要先认清方向。这样不但可以对目前所处的状况了解得更透彻，而且在追求目标的过程中，也不致误入歧途，白费工夫。

常规工作

应用：用思维导图快速了解新工作

表3-3 人力资源部培训岗位说明书

岗位名称	培训	岗位编号	SM-RL-004
直属上级	人力资源部部长	所属部门	人力资源部
工资级别		直接管理人数	
岗位目的	改善员工的知识结构，提高员工的实际工作能力，满足公司对人力资源质量的要求		

工作内容：

1. 分析、诊断公司员工的知识结构和实践技能特点及水平；
2. 根据员工现职岗位的具体要求，判断员工在知识结构和实践技能方面的实际差距，明确员工的个性化培训需求；
3. 分析汇总培训需求，设计多样化的公司员工再教育和培训方案并组织实施；
4. 编制公司年度培训预算和确定培训人时数；
5. 负责推动公司各职能、业务部门向学习型团体转化；
6. 负责设计员工实际能力发展方案，包括工作轮换、一对一教练式培养、现场锻炼等；
7. 协助制订公司员工职业发展计划并组织实施；
8. 负责本部门领导指派的事务性工作；
9. 完成上级交办的其他工作。

工作职责：

1. 对培训需求判断的准确性负责；
2. 对培训方案的设计及其有效性负责；
3. 对员工实际工作能力的提高负责。

所受上级的指导：接受人力资源部部长的书面和口头指导

同级沟通：与公司各相关部门、各控股企业领导保持沟通

给予下级的指导：与员工保持良好的沟通

岗位资格要求：

教育背景：大学本科及以上学历，人力资源管理相关专业

经验：3年以上工作经历，2年以上中型企业人力资源培训相关工作经验

(续)

```
岗位技能要求：
  专业知识：熟悉国家有关政策法令，掌握国际人力资源管理模式，熟悉人力资源培训实务
  能力与技能：具有较强的组织和沟通能力，较高的文字和口头表达能力，熟练操作计算机
```

针对以上岗位说明书，在绘制思维导图前，需经过以下四个思考过程：

(1) 这是什么岗位？

培训，会让你联想到什么？

PPT，投影仪，学生，讲课……

或者进行百度搜索，输入关键词"培训、卡通图片"，搜索结果如下。

(2) 工作分为几个部分?

①分析。

②组织实施。

③编制年度预算。

④设计方案。

(3) 具体的工作内容是什么?

①分析、诊断公司员工的知识结构和实践技能特点及水平。

②根据员工现职岗位的具体要求,判断员工在知识结构和实践技能方面的实际差距,明确员工的个性化培训需求。

③分析汇总培训需求,设计多样化的公司员工再教育和培训方案并组织实施。

④编制公司年度培训预算和确定培训人时数。

⑤负责推动公司各职能、业务部门向学习型团体转化。

⑥负责设计员工实际能力发展方案,包括工作轮换、一对一教练式培养、现场锻炼等。

⑦协助制订公司员工职业发展计划并组织实施。

⑧负责本部门领导指派的事务性工作;完成上级交办的其他工作。

(4) 工作的重点和难点是什么?

①对培训需求判断的准确性负责。

②对培训方案的设计及其有效性负责。

③对员工实际工作能力的提高负责。

结合模板,画出人力资源部培训岗位说明书的思维导图。

第 11 天　你需要掌握更多的知识，
　　　　　才能保持平衡

思维导图的运用，并非止步于简单地画出思维导图。你所画出的思维导图其实是你自己的思维过程反映。画出思维过程的目的，是希望借助呈现思维这种方式，让我们不断地改善，发挥我们先天的优势，以获得成功。有人会问："我不是天才，怎样才能成功？"世间并没有真正的天才，只是你不知道训练的方法。

在思维导图的训练中有两个要点：第一，让隐形思维显性呈现；第二，让动态思维静态表达。思维导图的呈现与建构主义思想，也就是认知加工学说有着紧密的联系。我们的认知过程是一个抽象的过程，发生在我们的大脑中，无法直接呈现，因此可以参照计算机的工作原理进行类比，以帮助我们更好地认识认知的过程。建构主义思想以维果斯基、皮亚杰和布鲁纳等人的思想为代表。皮亚杰提出的认知发展的阶段性理论具有非常广泛和深远的影响。他认为，儿童认知形成的过程是先出现一些凭直觉产生的概念（并非最简单的概念），这些原始概念构成思维的基础，在此基础上进行综合加工，形成新概念，建构新结构，这个过程是不断进行的，这就是儿童认知结构形成的主要过程。

随着儿童年龄的增长，认知发展涉及图式、同化、顺应和平衡四个方面。

图式是动作的结构或组织在相同或类似的环境中，会由于不同程度的重复而引起迁移或概括，从而在人脑中形成的网络。

同化是个体将环境因素纳入已有的图式之中，以加强和丰富主体的动作。

顺应是个体改变自己的动作以适应客观变化。

平衡是个体不断地通过同化与顺应两种方式，来达到自身与客观环境的平衡。

图式最初来自先天的遗传，以后在适应环境的过程中，不断变化、丰富和发展，形成了本质不同的认知图式。你会发现只要给孩子一支笔，他们就可以快乐地画很久，因为孩子是借助图示化的方式来认知世界和表达自己的。每一种新的图式的出现，都标志着儿童认知发展进入到了一个新的阶段。图式的发展一般经历以下四个阶段：

第一，感知运动阶段（从出生~2岁）。此时语言还未形成，主要通过感知觉来与外界取得平衡，处理主、客观的关系。

第二，前运算阶段（2~7岁）。这一阶段语言表达能力形成并发展，儿童能用表象、言语及符号来表达内心世界和外在世界，但其思维还是直觉性的、非逻辑性的，且具有明显的自我中心特征。

第三，具体运算阶段（7~11岁）。这一阶段的思维具有明显的符号性和逻辑性，能进行简单的逻辑推演。但在很大程度上受限于具体的事物以及过去的经验，缺乏抽象性。

第四，形式运算阶段（11~15岁）。这一阶段能够把思维的形式与内容相分离，能够设定和检验假设，监控和内省自己的思维活动，思维已经进入到了抽象的逻辑思维阶段。

皮亚杰认为，任何人的认知发展都要经历上述四个连续的阶段，且这种连续发展的先后次序是不变的。这种发展模式具有全球性的意义，无论何种文化社会。每一个阶段都是形成下一个阶段的必要条件和基础。虽然两个相继发展的认知阶段之间存在着质的差异，但这种差异是思维发展从量变到质变的必然结果。

认知过程伴随我们终身。我们自身掌握的知识并不是对现实的纯粹客观的反映，任何一种传载知识的符号系统也不是绝对真实的表征。它只不过是人们对客观世界的一种解释、假设或假说，而不是问题的最终答案，它必将随着人们认识程度的深入而不断地被变革、升华和改写，直至出现新的解释和假设。知识并不能绝对准确无误地概括世界的法则，提供对于任何活动或问题解决都适用的方法。在具体的问题解决过程中，知识是不可能一用就准、一用就灵的，而是需要针对具体问题的情境对原有知识进行再加工和再创造。知识不可能以实体的形式存在于个体之外，尽管语言赋予了知识一定的外在形式，但这并不意味着学习者对某种知识有着同样的理解。真正的理解只能由学习者自身基于自己的经验背景建构起来，取决于特定情境下的学习活动过程。否则就不称其为理解，而是死记硬背或生吞活剥，是被动的复制式学习。

世界是客观存在的，但是对于世界的理解和赋予的意义却是由每个人自己决定的。我们是以自己的经验为基础来建构现实，或者至少说是在解释现实的，每个人的经验世界是用自己的头脑创建的。由于我们的经验以及对经验的信念不同，因此对外部世界的理解便也千差万别。"一百个人心中，有一百个哈姆雷特。"所以，学习并不是由教师把知识简单地传递给学生的过程，而是由学生自己建构知识的过程。建构的过程就是新旧知识融合的过程，或者旧的知识被取代，或者新的知识融合旧的知识，形成更新的知识。学生不是简单被动地接收信息，而是主动地建构知识的意义，这种建构是无法由他人来代替的。所以教师的课程讲授得再好，同班同学也有成绩上的差别，源于自我的知识的建构是无法通过外界来完成的。

学习过程同时包含两方面的建构：一方面是对新信息的意义的建构，另一方面又包含对原有经验的改造和重组。这与皮亚杰关于通过同化与顺应而实现双向建构的过程是一致的。学习者在学习过程中形成的对概念的理解是丰富的，是有着经验背景的，在面临新的情境时，能够灵活地建构起用于指导活动的经验。

任何学科的学习和理解都不像在白纸上画画，学习总要涉及学习者原有的认知结构。学习者总是以其自身的经验（包括正规学习前的非正规学习和科学概念学习前已形成的日常概念），来理解和建构新的知识和信息的。也就是说，学习不是被动地接收信息刺激，而是主动地建构意义，是根据自己的经验背景，对外部信息进行主动地选择、加工和处理，从而获得属于自己的意义。外部信息本身没有什么意义，意义是学习者通过新旧知识经验间的反复的相互作用而建构起来的。学习的意义在于每个学习者以自己原有的知识经验为基础，对新信息重新认识和编码，建构起自己的理解。在这一过程中，学习者原有的知识经验，因为新知识经验的进入而发生调整和改变。建构主义关注如何以原有的经验、心理结构和信念为基础来建构知识。

应用：用思维导图规划新的一年

我们的生活需要有效的规划，这样才能获得更高的效能。有时你会发现虽然制订了一个完美的计划，但是无法有效实施，其中的原因可能是：你的计划受他人的影响，未考虑自身的因素；计划中未考虑未来发展的因素；未设计合理的变动成分。只有把新的计划和原有的状态相融合，才能形成真正属于你的规划。

我们以年度计划为例。一年中有需要重点关注的事件，在不同的月份中会有不同的侧重点，聚集你的主要精力全身心投入。年度规划包含工作规划和工作总结两部分：工作规划是想象预设的未来；工作总结是整理发生过的事情。工作规划的内容很丰富，它和具体工作相关联，不同的人、不同的部门、不同的职别，其着眼点和出发点会不尽相同，制定的工作规划从内容到形式上都有很大的差别。

制定年度规划需要升级我们的思考维度，有效地规划我们的生活、工作，合理地分配我们社会角色的时间，这样才能获得平衡的人生。每个人在社会中扮演一定的社会角色，社会角色是指与人们的特定社会地位、身份相一致的一整套权利、义务的规范与行为模式。每个人都承担着角色集的任务，角色集是指一组相互联系、相互依存的角色。角色集有两种情况：一是多种角色集中在一个人身上；二是不同角色的承担者由于特定的角色关系而结合在一起。因为一个人身上承担的角色越来越复杂，可能会有孩子、学生、朋友、员工、爱人、父母、负责人、朋友、公民有效的角色平衡，需要把自己作为一个完整的人来面对，考虑到自己"自我、爱人、子女、父母"等角色的有效地平衡。每个人的精力有限，当你把注意力聚焦在"子女"的角色时，另外几种角色的投入就会相应较少。所以制定年度规划时，我们需要综合思考工作、家庭、生活、友情、成长、健康、财务等指标。

年度规划绘制步骤如下：

第一步，中心图案可以是年度、规划主题或者主要人物，图例中我用的是我的名字的汉语拼音缩写：YLF2017，代表"尹丽芳2017年度规划"。

第二步，画出一级分支，代表你关注的维度。例如我关注自己的工作、学习成长、健康和家庭生活。

第三步，加上二级分支，细分出内容和具体的事务，让它具有可操作性。例如第一个一级分支工作→线下→开展两个课程：管理师和培训师。

2017

• 学习
- DISC (1月)
- 快速阅读 (3月)
- LOG (6月)
- TL! (6月)
- 4D领导力 (10月)
- 乳功 (11月)
- 祖波V (11月)
- Happy young (11月)

• 收入
- 小考寒假批
- 冲冲寒假伴
- 黑白校伴画
- 限初中
- 低初中
- 非暴力沟通
- 和邻居乞
- 手作
- 快速阅读
- 最初@微小班

• 阅读
- 信心大册
- 快速阅读
- 限(科目)
- 有意义的事
- 快(伽啊略书)
- 快
- 起组闭试
- 科亮扩
- 情绪行祝好(?)
- 快速阅读 (10)

• 足迹
- 厦门 (1月)
- 泉州①(5月)
- 昆明 (12月)
- 广州 (6月)
- 北京 (2月)
- 成都(6月)/中级
- 济南(3月)
- 怀化 (6月)
- 美国 (4月)
- 昆明 (X-1) 7月
- 青岛 (4月)
- 郑州 (8)
- 北京 (6月)
- 南京 (9)
- 自驾(鉴) (11)
- 澄江 (9)
- 上海 (12)
- 大理(川滩滩)
- 郑州 (11)
- 西双 (11)
- 郑州 (11)
- 北京 (12)

• 成长
- 心要陪伴导图川有习班 2月
- 从3000-3000你听至一家熙讲导图
- 昆(科目)假设来 8月
- 假设→入门
- 贝(科目)108天(7月)
- 空手千机课(8月)
- 《中约生死到手册》

• 健康

• 朋友
- 走择自己
- 喜欢的
- 大作 (12月)

• NEW・娱乐
- 《长城》《摆渡人》《星战》《了不起的菲尔西》《你好好旧好》《欢乐之城》《爱乐之城》
- 《一条约的存在》《生化地·末章》
- 《生地》《鲨齐》《神偷奶爸3》《美女与野兽》《神们》《搞的》《神鸟决》《赛跑》
- 《愁蛇咏鸟》《说》《乐》《家剔收》
- 《十万汰》

- 《西湖传》
- 《如胎时问》《平凡的出记》《驴得上王》《每种姓》

2017年度规划复盘

第四步，加上色彩和小图标。

所有的规划都经过我们的思考和想象而产生，我们借助现在的知识、经验、信息，对未来的生活进行规划。在经历之后，还需要进行有效的总结，你会惊喜地发现，原定的任务都超额完成了。看到自己的收获和进步是多么幸福的事！

参考年度规划绘制步骤，画出你的年度规划吧！

第 12 天　中心图案打开你联想的宝藏

中心图案在思维导图中起着非常关键的作用。很多学习者都觉得中心图案是个难点，一是不知道怎么选，二是不知道怎么画。这个问题要怎么解决呢？

针对以上困难，我有以下四点建议供大家参考：

（1）如果你不会提炼关键词，这是因为你对内容理解得不够透彻，所以提炼关键词就显得很困难。

建议：认真、专注地阅读内容，按照总结中心思想和段落大意的方式来进行，然后把提炼出的句子主干分解成一个一个的词，通常为主语、谓语或者宾语。

（2）如果你看到关键词后无法产生联想，这是因为你还习惯于左脑的理性思维模式，可以通过对关键词进行"直译""意译"和"联想"的方式，转换成右脑思维模式，形成具体的画面感。

直译：是重点，通过字面意义进行提炼。例：超、强、利害……

意译：是开关，通过字后面意义进行联想。例：第一名、超人……

联想：是思维的流淌，有多种可能。例：喜马拉雅、宇宙……

（3）当你联想出关键词后，可以借助百度图库搜索图片，添加图标。可以搜索关键词"超人、卡通""宇宙、卡通"，这样搜索到的图片比较简单，容易绘制。

（4）要想实现左右脑思维模式的灵活转换，需要不断加强训练。通过刻意练习，形成新的神经通路，达到全脑思维训练的目的。

在选择中心图案时，需要对关键词展开联想。人脑对图片的识别度是很高的，针对图像记忆的要领是图像必须精简、夸张、生动、有趣。例如，团队凝聚力。

上面这幅图片画起来难度很高，我们可以尝试简单理解，如右图。

看似简单的图像对于初学者来说还是有一定难度的。我们还可以尝试画一下右面这幅图。

很普通的图像是无法形成有效信息刺激的,所以中心图案的选择是非常关键的。

切记,中心图案不要只为了好看而画,没有通过联想和想象产生联系的话,对于记忆毫无作用。

接下来我们学习一下中心图案的绘制。

初级中心图案的绘制:可以用云纹来代表中心图案,云彩飘在空中俯瞰大地,就像思维导图的全景展现。以下三个云纹图案,如果100分为满分,你分别打多少分?

A. _____ 分

B. _____ 分

C. _____ 分

云朵 A 的绘制有三个关键要素:

(1) 线条弧度明显;

(2) 线条像写字一样有起止停连。

(3) 注意线条节奏,就是弧线的长短,就会形成很棒的组合。

中级中心图案的绘制：中心图案的绘制也可以由简单的云纹升级为更加具体的内容。参考下面的图案，临摹或创作属于你的中心图案。

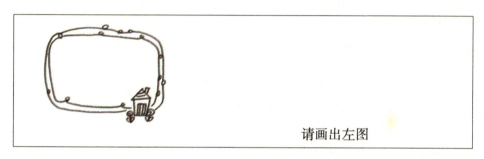

请画出左图

请画出左图

高级中心图案的绘制： 可以采用工作分解法来完成，分为观察、分析、比较、构思、绘制五个步骤。把连贯的笔画一步一步分解出来，即使面对复杂的图案，也能轻松完成。

面对一张复杂的图案时，我们很容易退缩，因为上面有太多的线条和内在联系。可以采用九宫格画法，把这张图分为九个部分。

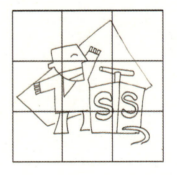

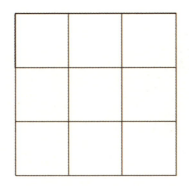

面对这张图的时候,可以把它幻想成九张小的图,每个格子中出现的线条就简单了很多。试着把它们画到左面的九宫格中吧。

你的完成情况怎么样?我相信一定比你当初想象得要好。注意一个关键点,就是一个格子一个格子地观察,一个格子一个格子地画。然后,它们自然会构成一个整体。

马克笔平涂色块:颜色均匀,平涂,注意边缘不要晕染。

笔头为 1.0mm 的针管笔勾边:突出形象,添加细节,使图像更生动、立体,让人过目不忘。

参考范例1：

线稿

彩稿

终稿

参考范例2：

线稿

彩稿

终稿

应用： 用思维导图提高你的联想能力

看到下面的中心图案你会联想到什么？尝试把联想到的内容写到分支线条上，需要注意的是，字要写在线上。

第 13 天　线条的逻辑和练习

在思维导图的绘制过程中，会用到很多线条，画线条和我们的日常书写习惯有所不同，一开始你可能会觉得画得不太好，不要放弃，慢慢来。我们习惯了中国字的横平竖直，接受曲线这种形式还是很有挑战的。

请你仔细观察一下身边，神秘的大自然中充满了曲线。美丽的蜂鸟准备采花蜜，鸟儿小小的身体悬停在空中，它的身上有直线吗？

太阳照射下的向日葵发出金灿灿的光芒，仔细观察一下，上面有直线吗？

我们身边有哪些物品是直线的？电脑、手机、窗户、电梯、高楼……人类创造出的物品大多具有直线的特性，慢慢地我们发现，直线并不能满足我们的需求，所以手机外形变成了弧形，电视机变成了曲屏设计。大自然的创造拥有曲线的流畅、发散等特性。我们是大自然的一分子，拥有相同的特性。思维导图绘制的是我们的思维，也具有流畅、发散的特性。我们开始来和曲线做朋友吧！

一级分支中线条的绘制

第一步，绘制基础形状。

第二步：添加色彩和图案，把线条变为色块，增强观赏性。

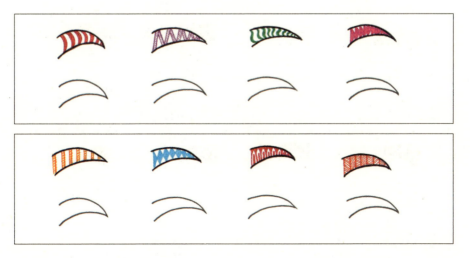

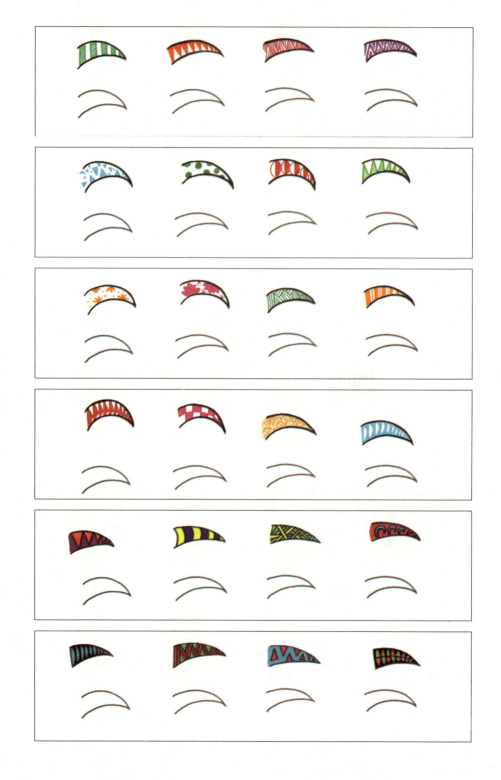

艺术分支的绘制

　　以上以思维导图为主题的思维导图中，第一分支是灯泡，象征着思考；第二分支是渔夫在撒网打鱼，象征着维度；第三分支是导弹，象征着明确的目标，由近及远；第四分支是画笔，象征着绘制思维导图。

《驾驶证考试·一图通》这幅思维导图中，第一分支是鸣笛，象征全面开始了解和学习汽车驾驶；第二分支是交通信号灯，象征着驾驶规则，要遵守交通信号灯；第三分支是警示标志，象征着提醒自己考试一定要合格，才能通过考核；第四分支是锥形筒，象征着危险的地方要停下来。

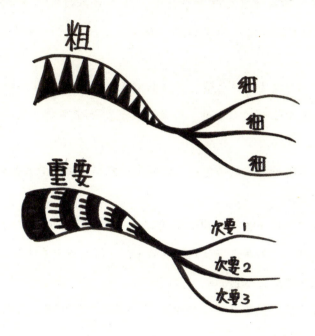

线条的呈现形式为由粗到细，体现出隐含的六个逻辑关系：

（1）由框架到细节；

（2）由结论到原因；

（3）由结果到过程；

（4）由论点到论据；

（5）由重要到次要；

（6）由总结到具体。

应用：用思维导图规划时间

时间管理就是有效地运用时间，降低变动性。要想进行时间管理，我们首先要决定什么事该做，什么事不该做，要将时间投入到与你的目标相关的工作上，达到"三效"，即效果、效率、效能。

效果，是指由某种力量、做法或因素产生的结果（多指好的）；效率，是指单位时间完成的工作量；效能，是指事物所蕴藏的有利的作用。

时间管理最重要的功能：通过事先的规划，做一种提醒与指引，达到最高效能。

在时间管理中你会遇到以下问题：①无法管理的外在的要求或临时的工作；②做事没有找到正确的方法；③周围存在干扰因素。

管理时间的方法：

第一阶段，记录时间。查看时间分别花在了哪里，对此有一个比较清楚的认识。

第二阶段，进行时间增补，对浪费时间加紧弥补。充分利用碎片时间，与短期计划相结合。

第三阶段，进行时间规划。考虑黄金时间做什么，碎片时间做什么，计划步骤越详细越好。最后思考还能再如何完善才能更有效地完成任务。

第四阶段，把控时间。不要被时间奴役，规划好时间，展望未来，记录下每天的变化。可能在无意中会发现，现实离自己的梦想更近了一步。

思维导图中的图片、色彩、代码分支会让人产生更多的联想，便于大脑搜索有用信息，它可以帮助我们进行宏观计划和微观操作，所以思维导图是一种生活管理的工具。回顾过去，畅想未来，其实就是对记录及计划的撰写。让生活的核心外化，我们借助思维导图的方式，让那些事情呈现在我们的生命背景中，让我们看到我们的一生好像就是一部剧本。

月计划（见第148页）：

（1）确定中心图案。

（2）一级分支由12点钟起顺时针转动，1个月由4~5周构成，会有4~5个分支。

（3）确定每周的主要任务，它们相互关联，也有各自的目标。

（4）给关键内容添加小图标。

周计划（见第149页）：一周的日程安排，具体到周一到周日的时间安排。

（1）确定中心图案。

（2）一级分支是周一到周日。

（3）二级分支包括具体的事务。

（4）给关键内容添加小图标。

日计划（见第150页）：对一天24小时进行时间规划，可在项目后面添加"□"，一旦完成就在后面打钩"☑"。

（1）确定中心图案。

（2）一级分支就是白天计划的主要项目。

（3）二级分支是对愿景的说明，指明具体工作完成的时间及标准。

（4）可以把重点工作增加小图标代表。

尝试着用思维导图画出你一天的工作计划。

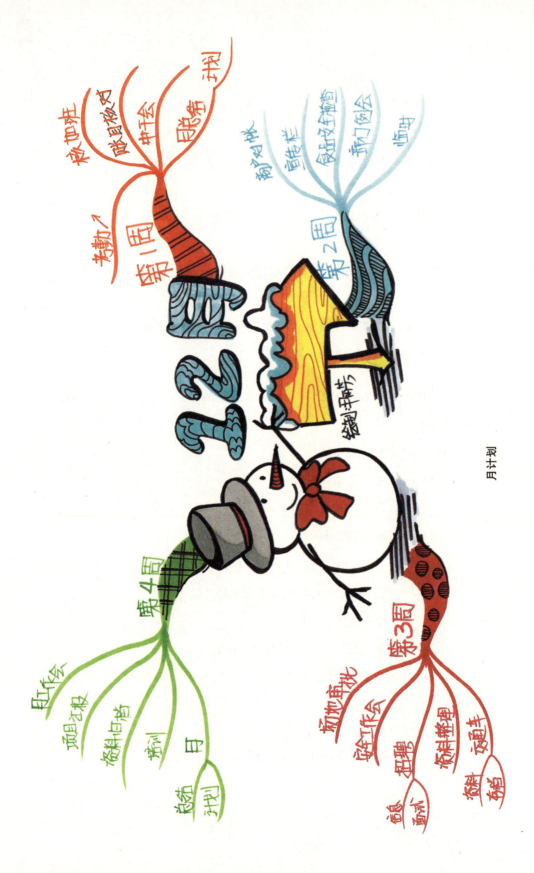

第14天　四种方法提炼句子的关键词

关键词指的是一篇文章或一段文字中，最重要的词语。提取关键词就是要提取"核心信息"，摘取恰当的词语来表达中心内容。"关键词"这一概念常见于学术论文的开篇处。置于论文之首，是为了让读者快速了解论文的基本内容。后来的网络搜索沿用了这一概念，仍是取的这一含义。

思维导图中的关键词，可以帮助人们扩展使用语言和想象力来提高记忆力，同时还有助于拓展人们的创造性，提高解决问题的能力。关键词可分为两类：记忆性关键词，一般为名词和动词；创意性关键词，以唤醒和触发联想。

在提炼关键词之前，我们需要整理一下对于语法的认识：语法是语言的组织规律，是使用语言的法则。

名词：属于实词，名词表示人、事物、地点或抽象概念的名称，名词同时也分为专有名词和普通名词。

动词：表示人或事物的动作或一种动态变化。一般出现在名词主语或主句后面。

形容词：主要用来描写或修饰名词或代词，表示人或事物的性质、状态和特征。

副词：是指在句子中表示行为或状态特征的词，用以修饰动词、形容词、其他副词或全句，表示时间、地点、程度、方式等概念。

一段话中可能包含主语、谓语、宾语、定语、状语、补语。这就是在提炼关键词的过程中，我们会遇到的内容。提取关键词时需注意以下几点：

（1）提取关键词主要考查概括中心思想、提取关键信息的能力，也就是提取"核心信息"，提炼恰当的词语来表达内容。

（2）关键词既可以是双音节词，也可以是四字短语或多音节短语。

（3）关键词一般是名词、动词、形容词等实词，不会是虚词。

（4）提取时注意词语的顺序，最好按原文顺序书写。

第一种方法　研究语段话题

任何语段总是围绕一个话题来展开的，无论是记叙、议论还是说明，能够体现话题的词语肯定都是关键词。

原文

据报道，我国国家图书馆浩瀚的馆藏古籍中，仅1.6万卷"敦煌遗书"就有5000余米长卷需要修复，而国图从事古籍修复的专业人员不过10人；各地图书馆、博物馆收藏的古籍文献共计3000万册，残损情况也相当严重，亟待抢救性修复，但全国的古籍修复人才总共还不足百人。以这样少的人数去完成如此浩大的修复工程，即使夜以继日地工作也需要近千年。

分析

（1）聚焦主题：古籍抢修。

（2）建立步骤：古籍多，人才不足，古籍多，近千年。

（3）检验：将几个词语连接，加入连贯的词语，如能大体表达出文段的主要内容，就基本准确。

关键词：古籍，修复，人才，缺乏。

第二种方法　寻找中心语句

有的语段有较为概括的中心句，我们可以抓住这个句子，顺藤摸瓜，找到相关关键词。

提取下面一段话的主要信息，写出四个关键词语。

原文

从甲骨文到草书、行书的各种书法艺术，间接地反映了现实某些方面的属性，将具体的形式集中概括为抽象的意象，通过视觉来启发人们的想象力，调动人们的情感，使人们从意象中体味到其间所蕴含的美。这也就是一些讲书法的文章里常说的"舍貌取神"——舍弃客观事物的具体现象特征，而摄取其神髓。

关键词：书法，意象，体味，神髓

第三种方法　分析构段顺序

原文

曲曲折折的荷塘上面，弥望的是田田的叶子。叶子出水很高，像亭亭的舞女的裙。层层的叶子中间，零星地点缀着些白花，有袅娜地开着的，有羞涩地打着朵儿的；正如一粒粒的明珠，又如碧天里的星星，又如刚出浴的美人。微风过处，送来缕缕清香，仿佛远处高楼上渺茫的歌声似的。这时候叶子与花也有一丝的颤动，像闪电般，霎时传过荷塘的那边去了。叶子本是肩并肩密密地挨着，这便宛然有了一道凝碧的波痕。叶子底下是脉脉的流水，遮住了，不能见一些颜色；而叶子却更见风致了。

分析

（1）根据句号位置，分解段落。

曲曲折折的荷塘上面，弥望的是田田的叶子。叶子出水很高，像亭亭的舞女的裙。//层层的叶子中间，零星地点缀着些白花，有袅娜地开着的，有羞涩地打着朵儿的；正如一粒粒的明珠，又如碧天里的星星，又如刚出浴的美人。//微风过处，送来缕缕清香，仿佛远处高楼上渺茫的歌声似的。//这时候叶子与花也有一丝的颤动，像闪电般，霎时传过荷塘的那边去了。叶子本是肩并肩密密地挨着，这便宛然有了一道凝碧的波痕。//叶子底下是脉脉的流水，遮住了，不能见一些颜色；而叶子却更见风致了。

（2）找到句子主干，提取关键词。

曲曲折折的荷塘上面，弥望的是田田的叶子。<u>叶子出水很高</u>，<u>像亭亭</u>的舞女的<u>裙</u>。//层层的叶子中间，零星地点缀着些<u>白花</u>，有<u>袅娜</u>地开着的，有<u>羞涩</u>地打着朵儿的；正如一粒粒的<u>明珠</u>，又如碧天里的<u>星星</u>，又如刚出浴的<u>美人</u>。//微风过处，送来缕缕<u>清香</u>，仿佛远处高楼上渺茫的<u>歌声似的</u>//。这时候叶子与花也有一丝的<u>颤动</u>，像闪电般，霎时传过荷塘的那边去了。叶子本是肩并肩密密地挨着，这便宛然有了一道凝碧的波浪。//叶子底下是<u>脉脉</u>的流水，遮住了，不能见<u>一些</u>颜色；而叶子却更见风致了。

（3）画出思维导图笔记。

第四种方法　关注层次（标点）的变化

语段内层次的变化，有时在一些短小的段落中不是十分明显。碰到这种情况时，我们可以看看各个句子的主语有什么变化，整个语段有几个句末符号等。也许从中我们可以捕捉到一些变化的痕迹。

阅读下面一段文字，找出"碳链式反应"过程的三个关键性词语。

原文

科学家在喀斯特地貌的研究中，发现了一个复杂的碳链式反应。当水流从空气中"大口吮吸"二氧化碳并侵蚀石灰岩时，持续不断的吸碳过程就开始了。接着，在岩石表面自由流淌的酸性水流携带着大量碳酸氢根，随着自然界的水循环辗转奔向江河湖海。此时，浮游植物体内的"食物加工厂"在急切地"找米下锅"，它们惊喜地发现，只要分泌一种叫作"碳酸酐酶"的催化剂，对水中的碳酸氢根"略施魔法"，等待加工的"米"——二氧化碳就唾手可得。最终，光合作用将大量随波逐流的碳转化成有机碳，封存于水生生物体内。

分析

（1）聚焦主题：明确中心观点和文段的主要表述对象。

科学家在喀斯特地貌的研究中，发现了一个复杂的碳链式反应。当水流从空气中"大口吮吸"二氧化碳并侵蚀石灰岩时，持续不断的<u>吸碳</u>过程就开始了。接着，在岩石表面自由流淌的酸性水流携带着大量碳酸氢根，随着自然界的水循环辗转奔向江河湖海。此时，浮游植物体内的"食物加工厂"在急切地"找米下锅"，它们惊喜地发现，只要分泌一种叫作"碳酸酐酶"的催化剂，对水中的碳酸氢根"<u>略施魔法</u>"，等待加工的"米"——二氧化碳就唾手可得。最终，<u>光合作用</u>将大量随波逐流的碳转化成有机碳，封存于水生生物体内。

（2）建立步骤：明确与主概念相对应的谓语动词或总结性词语。题中要求"找出'碳链式反应'过程的三个关键性词语"。文中"接着""最终"提示我们这一过程可分三个层次，三个层次的核心动词便是"吸碳""施魔法""光合作用"。

关键词：吸碳，施魔法，光合作用。

应用：用思维导图画出文章笔记

阅读下面短文，绘制思维导图，完成对基础心理学的初步认知。

基础心理学的内容可以分为四个方面：认知；需要和动机；情绪、情感和意志；能力、气质和性格。

认知是指人认识外界事物的过程，或者说是对作用于人的感觉器官的外界事物进行信息加工的过程；它包括感觉、知觉、注意、记忆、表象、思维、言语和想象等心理现象。

需要和动机。需要是人体内部的一种不平衡状态，是对维持和发展其生命所必需的客观条件的反映；动机是推动人从事某种活动，并朝向一定目标前进的内部动力；当人意识到自己的需要时，这种需要就变成了人的活动动机。

情绪、情感和意志。情绪和情感是伴随认识和意志过程而产生的对外界事物的态度和内心的体验，是对客观事物与主体需要之间关系的反映。意志是人的思维决策体现于行动的心理过程。

能力、气质和性格。能力是顺利有效地完成某种活动所必须具备的心理条件。气质是心理活动动力特征的总和，即表现在心理活动的速度、强度和稳定性方面的人格特征。性格是表现在对事物的态度和习惯化了的行为方式上的人格特征。

心理现象又可分为两大类，即心理过程和人格。认知、情绪情感和意志是以过程的形式存在的，它们都要经历发生、发展和结束的不同阶段，所以属于心理过程；人格也称个性，是指一个人区别于他人的，在不同环境中一贯表现出来的相对稳定的、影响人的外显和内隐行为模式的心理特征的总和。

首先，我们用"打开心灵看到自己"作为中心图案，表达了解心理学的过程。

其次，文章用清晰的结构论述了基础心理学的四个方面，所以我们可以绘制四个一级分支或者五个一级分支来展现。

绘制四个一级分支，就是严格按照文章内容进行创作；绘制五个一级分支，是在文章内容的基础上，增加自己的总结和收获。

最后，尝试画出属于你的文章笔记吧。

第四部分
技术提升

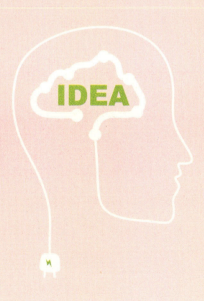

第 15 天　思维导图有效提高你的记忆

很多人觉得自己的记忆力不好，从上学开始这个噩梦就一直伴随左右。那就让我们一起走进记忆的宫殿，探索我们记忆的秘密吧！

古希腊诗人西摩尼德斯发明了位置记忆法。古代罗马元老院的政治家们常常用位置记忆法记住自己演说的要点。他们常常在自己的身体上或者房间里确定出许多特定的记忆点来加以利用，帮助记忆。

现代的思维导图分支就像身体部位或房间，通过记忆和联想储存信息。充分利用所有大脑皮层的功能，激活大脑，使记忆力更加灵敏和巧妙。

有效提高记忆的三个关键原则

第一原则：选择感兴趣的内容，学习本是一件快乐的事，快乐能激起人们学习的动力和能力。

第二原则：从整体开始，分析是否有必要循序渐进地阅读，你会发现在阅读的时候，当看到一个难懂的知识点时，即使看再多遍都看不懂，但是看完整本书以后再来回顾，就容易理解得多了。

第三原则：只需要做事情的 80%，因为我们的右脑有格式塔效应，趋于完整的倾向，会自动对剩余 20% 的信息检索和填充。

记忆宫殿

记忆宫殿是一个暗喻，象征着任何我们熟悉的、能够轻松想起来的地方。它可以是身体结构、家庭布局，也可以是每天上班的必经路线。这个熟悉的地方将成为你储存和调取任何信息的仓库。比如五个词语，可以借助身体的五个不同部位来记忆。十个地点，可以借助十个地铁站名称来记忆。记忆核心是你最熟悉的，不必特意去想就能想起来，在熟悉的信息上增加新内容，成为新的信息，就形成了你的记忆。

1. 选择你的"宫殿"

首先，你需要选择一个你非常熟悉的地方，熟悉到在脑海中能够轻易地想到并有一种可在其中漫步的感觉。必须用你想象的"眼睛"让自己身临其境。比如，可以选择你的家。请记住，你对这个地方的细节再现越鲜明，就越能有效记忆。

其次，你需要一条特定路线，可以有场景的转换，例如进家以后，路过客厅、厨房、卧室，你可以边走边看周围的场景，这是一次详细的巡视，而不是走马观花。然后你就能按照确定的次序，回想起物品摆放的位置。你还可以选择自己熟悉的、固定的道路。例如你开车上班固定的行车路线；你常去的街道的布局和门店；你的工作场所中各部门的位置。

2. 列出明显的特征物

在你所选场景里需要有非常明显的特征物或者标志物，最好有鲜明的图像、LOGO、色彩。例如，如果你选择的是家，家门应该是第一个引起注意的特征物，可能你会想起家门上贴的手写春联和元宝图案。

接下来，可以继续在你的记忆宫殿里漫步。比如说进家以后，你会走进的第一个房间是客厅，建立观察的秩序，从上到下、从左到右，看一看房间里有什么。这个观察顺序熟悉吗？和我们的书写和阅读习惯是一样的。你注意到的物品是什么？墙上挂的钟？客厅中间的电视机？还是那个大大的、舒适的沙发？

尝试一边走一边在头脑中记录房间里的特征物。每一个特征物都将成为一个"记忆宝盒"，用来储存那些特定的信息。

3. 把"宫殿"牢牢印在脑中

要让"记忆宫殿"奏效，最重要的就是让你对这个地方或者这条路线变得十分熟悉，熟悉到闭着眼睛就能想起来，所以空闲的时候可以进行视觉思维的训练，例如强化你的记忆宫殿。下面一些方法可以帮助你进行思维训练：

（1）按照你脑海中宫殿的路线亲自走一遍，当看见那些明显的特征物时，大声地说出来。

（2）在纸上写下特征物的名称，最好画出来，并在脑中重现它们的外部特征，并尝试着用语言大声说出来。

（3）在不同视角观看，记住那些特征物，形成清晰、准确的记忆。

形象思维是一种技能，它的核心在于充分运用左右大脑皮层的功能。一开始我们会遇到类似脑海中没有画面感，无法产生联想这样的困难，可以尝试亲自走一走脑海中宫殿的路线。每一步、每一个场景都能让自己清晰地看到，再反复几次。对你的记忆宫殿来说，刻意练习是非常重要的。

当你确认路线已经深深印在头脑中时，就算做好准备了。你已经拥有属于你的宫殿，可以反复用来记住任何你需要记住的东西。

4. 有效的链接，形成新的大脑图谱

现在你已经拥有自己的"记忆宫殿"，可以好好利用它了。记忆增强方式大都一样，记忆宫殿就是通过对图示的形象联想帮助我们记忆的。过程很简

单，选择一个已知的图像进行形象化联想。这个已知图像，我们暂时称它为记忆挂钩，就是记忆宫殿里那些明显的特征物。进行形象化联想，要联想幽默的、滑稽的、讨厌的、特殊的、生动的、荒谬的……事情就是那些容易被你记住的东西。设计一个独一无二的场景，或许在现实生活你永远不会看到的场景。

通过这个技巧能让我们记住大量信息，我们可以从简单的开始，用"家"这个记忆宫殿来记忆超市采购清单。假设清单上的第一项是"拖鞋"。

让视觉化思维送你进入记忆宫殿。闭上眼睛，你可以看到进入"家"中看到的第一个特征物是家门。现在，尝试用幽默和荒诞的方法，把"拖鞋"和家门形象化地结合起来。比如，你家的大门上挂着一个门帘，上面有红、黄、蓝、绿、紫色等多种颜色，当你伸手去掀门帘的时候，"拖鞋们"大声地喊："我们不要手，换脚来。"

你用脚打开了门，沿着你已经习惯的那条路线继续往下走。看到的下一个特征物可能是客厅里的时钟，把它和要记忆的下一项内容联系起来，比如下一项是"玩具熊"，可以联想出一个巨大无比的棕熊造型的时钟，有一堵墙那么大。接下来的步骤都是一样的，一定要清晰地保持头脑中原有的画面，也就是特征物，然后通过联想和想象，把它和新的信息结合起来，好像用美图秀秀在照片上添加文字以后，产生的新画面。认真、仔细地看一看，直到记住所有要记的项目。

5. 参观你的记忆宫殿

当你完成了上一步骤，基本已经记住了需要记的项目。但如果你是个记忆新手，可能还需要反复强化记忆宫殿，多做一点复习，至少有空就把每个步骤在头脑中再过一遍。脑海中你从同样的地方开始，按照同样的路线开始行走。当你边走边看到特征物时，要记忆的内容就会瞬间浮现。尝试采用"电影放映法"，你跟随自己的镜头，看到特征物演出时的场景。当你的宫殿旅行结束,你可以尝试转过身,从终点走回起点。

在这个过程中,最重要的是增强你的视觉思维能力。你的状态越放松,步骤就越容易实现,也就能记得越好、越牢。要点是借助周围的特征物帮助你形成记忆的关联,重复的次数越多,形成的大脑图谱就越清晰。所以定期回顾也是很重要的。

应用: 用思维导图打开你的记忆宫殿

记忆是人脑对经历过的事物的识记、保持、再现或再认,它是进行思维、想象等高级心理活动的基础。人类记忆与大脑的海马结构、大脑内部的化学成分变化有关。记忆作为一种基本的心理过程,是和其他心理活动密切联系着的。记忆联结着人的心理活动,是人们学习、工作和生活的基本机能。把抽象无序转变成形象有序的过程是记忆的关键。记忆是人脑对接收的信息进行编码、存储和提取的过程。按照信息的编码、存储和提取方式的不同,以及信息存储时间长短的不同,可将记忆分为:瞬时记忆、短时记忆和长时记忆三个系统。

1. 瞬时记忆

瞬时记忆又叫感觉记忆,是指外界刺激以极短的时间一次呈现后,信息在感觉通道内迅速被登记并保留的瞬间的记忆。一般又把视觉的瞬时记忆称为图像记忆,把听觉的瞬时记忆叫作声像记忆。

2. 短时记忆

短时记忆是指外界刺激以极短的时间一次呈现后，保持时间在1分钟以内的记忆。短时记忆容量有限，一般为7±2，即5~9个项目，这也就是平常我们所说的记忆广度。如果超过短时记忆的容量或者插入其他活动，短时记忆容易受到干扰而发生遗忘。为了扩大短时记忆的容量，可采用组块的方法，即将小的记忆单位组合成大的单位来记忆，这时较大的记忆单位就叫作块。

3. 长时记忆

长时记忆是指外界刺激以极短的时间一次呈现后，保持时间在1分钟以上的记忆。长时记忆的容量是无限的。长时记忆的编码有语义编码和形象编码两类。

了解了记忆及其分类后，我们可以考虑两点，第一，这个内容值不值得记忆？第二，你记忆的方法是什么？是瞬间记忆、短时记忆，还是长时记忆呢？不妨试着画一张思维导图，来帮助你进行编码的长期记忆。

其实，保持和遗忘是一对冤家。如果你对以前学过的知识能够回忆起来，就说明将它保持住了，如果回忆不起来或回忆错了，那就是遗忘了。

德国著名心理学家艾宾浩斯在做关于记忆的实验中发现，为了记住12个无意义音节，平均需要重复25次；为了记住36个无意义音节，需重复54次；而记忆六首诗中的480个音节，平均只需要重复8次！这个实验告诉我们，凡是理解了的知识，就能记得迅速、全面而牢固。不要逐字逐句地死记，也不要指望只看一次就能记住

所有的内容。形成定期复习的习惯是很重要的，学习后的复习；一天后的复习；一周后的复习；一个月后的复习；3~6个月后的复习。通过5次有效回忆，就能记住知识的框架和内容，可以形成长期记忆了。你有没有发现？这个复习周期和我们在学校的学习考试周期十分吻合：课堂总结、家庭作业、周测验、月考、期中和期末考，就是在帮助我们有效地进行记忆。

请尝试解读第166页这幅思维导图中运用的特征物，以及它们之间的关系。

(1) 集合分类和秒表之间的关系。

(2) 模式和台灯之间的关系。

(3) 计数和数字5之间的关系。

(4) 数字符号和蜡烛之间的关系。

(5) 空间方位和彩虹之间的关系。

(6) 图形和山峰之间的关系。

(7) 时间和闹钟之间的关系。

视觉化思维源自生活中的真实场景，就像儿歌：1像铅笔，2像小鸭，3像耳朵，4像小旗，5像钩子，6像哨子，7像悬崖，8像麻花，9像勺子，0像鸡蛋。

当基础记忆完成，我们可以尝试升级版记忆：1像铅笔细长条，2像小鸭水上漂，3像耳朵听声音，4像小旗随风摇，5像钩子来钓鱼，6像哨子嘀嘀响，7像悬崖高又陡，8像麻花拧一遭，9像勺子能吃饭，0像鸡蛋做蛋糕。

这就是在原有的大脑图谱中加入新的信息，形成新的记忆的过程。

第 16 天　停止评判他人，让思绪流动

你知道吗？当你在评判他人的时候，你的注意力就从你自身转移到别人身上去了，你只是关注外在，而忽视了自己内心正在发生的一切。评判他人是一种力量丧失的表现，因为它意味着你有一种改变世界的企图，或者希望通过重新安排、调整以获得自己的认同。当你评判他人的时候，往往就会忘记自己是谁，忘记你的目标和愿望，还有更重要的——你忘记了自己的感受，你的思维就此凝固，无法流动。

试着放下我们原以为正确的，去接触更为广阔和深邃的内容。在一次观影后，我有了这样深切的体会。一直以为只有《摆渡人》这类的影片可以让我热泪盈眶，直到看完《寻梦环游记》，被深深地打动，感受到无限温暖，让我有了更多的思考。不仅是我，有太多的人，都被这部电影催下久违的泪水。

电影以第三人称的方式开始讲述一个家族的成长史：一个男人和一个女人相爱了，并且有了孩子。男人喜欢唱歌和音乐，他希望唱歌给全世界的人听，他背着自己的吉他离开了家。女人从此把音乐赶出了生活，扔掉了一切和音乐相关的东西。她开始去做鞋子，一代一代传承下来，他们家成了鞋匠世家。鞋匠世家有个家规：不准触碰任何与音乐有关的东西。

一切好像变得宁静而美好，直到家族中出现了 12 岁的小男孩米格尔，他拥有天分，梦想成为音乐家，希望自己像偶像歌神德拉库斯一样创造出打动人心的美妙音乐。

他也非常爱他的曾祖母 Coco。

祭坛上的一张照片让米格尔发现，曾曾祖父的吉他和歌神德拉库斯的一模一样，天啊！这是一个多么令人兴奋的消息！歌神偶像变成了曾曾祖父。

亡灵节是墨西哥的传统节日。这是一年一度死者与生者的团聚日，墨西哥人会用盛大的仪式来庆祝。在这一天，没有悲伤，只有欢乐！活着的人，会把祭坛收拾好，通过唱歌和跳舞来缅怀逝去的亲人。亡灵们把自己打扮得漂漂亮亮，通过口岸回到自己的家，与家人团聚。但是也有一些亡灵，因为祭坛上没有他的照片而无法回到人间。

米格尔阴差阳错地来到了亡灵世界。米格尔遇到了自己的家人，就是那些在祭坛上可以看到他们照片的亲人。活人来到了亡灵的世界，给亡灵们带来了恐慌。

必须在天亮之前把米格尔送回人间，否则米格尔就再也回不去了……米格尔想要返回人间，必须得到死去的家人的祝福才可以。但亡灵亲人们并不支持他的音乐梦想。曾曾祖母愿意为他送上祝福，但前提条件是：永远放弃音乐。

米格尔不愿意放弃音乐，拒绝了曾曾祖母的祝福。他要去寻找曾曾祖父，也就是歌神德拉库斯，得到他的祝福。米格尔心想，曾曾祖父那么热爱音乐，只要找到他，获得他的祝福，自己就可以返回人间并坚持音乐梦想了。

米格尔遇到了一个孤独、可怜，甚至有些无赖的亡灵埃克托。因为没有人供奉，埃克托从来都没有机会走过铺满万寿菊的大桥，回家看一眼自己最爱、最牵挂的女儿。于是，两人达成协议，埃克托带米格尔找寻歌神，米格尔则要在回到人间后，把埃克托的照片供奉起来，让他有机会回家。

亡灵之地不像我们想象的那么可怕，到处都是欢歌笑语、璀璨灯光……这里有亡灵界特有的烟花秀；还有亡灵界的演唱会；歌神德拉库斯离开了人世，到了这里后，依然是万众瞩目的偶像。

在寻找歌神的过程中，米格尔看到了亡灵的终极死亡。当一个亡灵消失在最后一个记得他的人的记忆中时,就会化为灰烬。"在亡灵世界,死亡只是一种生前的形态。只要还被活人的世界惦记牵挂,在这里便不用担心再度'死亡'。但是,如果在活人的世界没人记得你了,就会在死人的世界消失,意味着在两个世界彻底消失。"

这,才是真正意义上的死亡!

在埃克托的鼓励下,米格尔登上舞台,展露了自己从曾曾祖父那里遗传下来的音乐天才。通过音乐,米格尔如愿以偿地找到了自己的曾曾祖父。米格尔问曾曾祖父,为了音乐,放弃家庭,值得吗?歌神说:"要成功,必须有所牺牲。"

没想到,这背后竟然有一个巨大的阴谋,此时浮出水面的真相令米格尔震惊:曾曾祖父德拉库斯是个骗子,他毒死了自己的好友埃克托,并把他的歌占为己有。原来一直孤单无依、快被人遗忘的埃克托才是自己的曾曾祖父。

在亡灵世界的时间已经不多了,因为活着的人对他最后的一点记忆也快要消失了……

在家人的帮助下,米格尔在最后一次离别的时候,主动选择了放弃音乐,因为家人比梦想更重要;曾曾祖母选择不再剥夺他的梦想,只希望他记住:"We are family."原来"爱的反义词并不是恨,遗忘才是爱的尽头"。

曾曾祖母和曾曾祖父冰释前嫌,米格尔用一首只有曾曾祖父埃克托和曾祖母Coco才知道的歌,唤醒了曾祖母Coco对自己父亲的回忆。亡灵节当天,米格尔一家纪念着音乐家曾曾祖父埃克托,唱歌跳舞。亡灵们把自己打扮一新,精神饱满地回到家,与家人团聚,度过快乐的节日。

年轻的我们有着对家的叛逆,认为坚持梦想高于一切。当你的梦想逐渐变成现实的时候,你会发现,家人的爱从未走远。家庭不是梦想的死敌,梦想也不是对家庭的逃避。因为家人真正希望我们做的,不是听话,而是成长为自己的样子。

原来真正的死亡,从来都不是肉体的消失,而是精神的遗忘。

应用： 用思维导图解决你的困惑

用SWOT分析法进行自我分析的时候，一定要有具体的目标或者运用范畴，不要单纯地去做分析。如果没有实际的运用，分析出来的内容也是毫无价值的。

SWOT分析法的定义

SWOT分析法是用来确定企业自身的竞争优势、竞争劣势、机会和威胁，从而将公司的战略与公司内部资源、外部环境有机结合起来的一种科学的分析方法。

SWOT分析法的优点在于考虑问题全面，运用的是一种系统思维，而且可以把对问题的"诊断"和"开处方"紧密结合在一起，条理清晰，便于检验。

关键词：全面，系统，条理

自我SWOT分析法思维导图的三个步骤

第一步，明确问题和目标。通过分析需要解决的实际问题，确定好中心图案、文字或者图标。

第二步，需要将思考的维度转化成一级分支，即SWOT逐项分析。

第三步，明确具体步骤和方法。

然后在每个分支上加入内容和关键词，最好是明确的工作或者具体的动作。这样在你面对问题的时候，运用SWOT分析法，从宏观到微观，从主观到客观，有助于你全面认识自己，找到自己的目标和方向。

第 17 天　思维导图学习的七大困惑

坚持学习到第 17 天，你已经很棒了！但我相信你也会慢慢地发现一些问题。还记得我们曾经讲过的吗？各领域的杰出人物都是靠大量练习而取得成功的。在刻意练习的过程中：

需要明确的目标，按计划、按步骤进行；

专注练习，保持集中，不要走神；

及时反馈，确保正确；

走出舒适区，直面困难，突破瓶颈。

在这一小节中，我们将聚焦前面学习阶段中你所遇到的问题和在练习中产生的疑问与困惑。

困惑一：思维导图画起来太慢了，没有办法提高效率？

慢是与快相对的一个概念，你认为思维导图画得慢，是相对于写字速度而言吗？回忆一下你是从什么时候开始学习写字的？应该是五六岁吧？你一开始写字时就可以写得很好、很快吗？如果不是，那么中间经历了什么？学习笔画、认识字形结构，然后使用铅笔、钢笔……所以学习思维导图也需要给自己充足的时间，相信熟能生巧。在思维导图学习的过程中，需要经历三个阶段：

第一阶段，由隐性到显性。

我们要试着把头脑中想到的内容，用图文结合的方式画出来。一开始你可能不熟练，速度会很慢，但这是打基础的阶段。这个阶段你要做到的是：先不去管画得好不好看，先要画出来。

第二阶段，由显性到高效。

随着你的阅读理解水平的提高，会很快找到关键词，画得也会越来越快。这需要量的积累，通过100张思维导图的绘制，你的阅读理解能力及绘制能力都会有很大的提高。

第三阶段，由高效到自动化。

通过大量的练习，我们的大脑会慢慢养成收集、分析和处理复杂数据的能力和习惯。逐渐地，你的大脑也会越来越灵活，工作的效能也会越来越高。

困惑二：只有工作才会用到思维导图？

思维导图可以帮助你打开思维，获得更多的灵感，所以它的运用范围很广。我们可以用思维导图做读书笔记，用思维导图做年度规划，用思维导图做电影观后感，还可以用思维导图教小朋友们学习……

困惑三：思维导图只是好看而已？

人在接收信息的时候常会用到五个外部感官：眼睛、耳朵、嘴巴、鼻子和手。如果面对一张思维导图时，你只用到了眼睛，可能只会接收到部分信息，甚至就只剩下好看或者不好看了。

正确研究思维导图的方式是，首先知道思维导图不光是一张图，而更是作者在面对这个主题时思考的过程呈现，如果这也恰是你正在关注的问题，那么作者的这个思路对你的研究可能很有价值。所以我们一般会说"读图"，怎样读？就像读书一样，感受作者的思路和想法。最好的方式就是，请作者讲给你听。所以在后面的内容中，我也会尽量以"读图"的形式，把我的思路讲给大家听。

困惑四：画完思维导图我就能记住所有东西？

这个问题涉及两个方面，一是画完思维导图，二是记忆。

如果只是单纯地画完，没有经过联想、想象和再加工，要想记住是很难的。

如果经过了联想、想象和再加工，要记住定期回顾和复习。

困惑五：是不是所有事情我都需要画思维导图？

我的建议是当面对你觉得有困难的事情时画思维导图，一是培养自己思考的能力，二是培养自己绘制的能力。然后你会发现这个工具真的很好用，然后会在自己的工作生活中广泛应用。在我培训的学员中，有准妈妈画了《待产包思维导图》，有银行培训部的伙伴画了《银行业务思维导图》，有孩子画了《假期规划》……

困惑六：我的思维导图画得太乱了，没有价值？

思维导图是对你的思路的真实呈现。你认为自己的思维导图很乱，意味着你在思考的时候大脑处在混沌状态。借助思维导图看清楚思维混沌的过程和问题点，也是一件有意义的事情。可以尝试画出第一张，第二张，第三张……然后认真地阅读它们，你会发现你的思路在逐渐清晰起来，你遇到的问题在这个过程中逐一找到了解决的方向和方法。这就是你思考的过程，所以不要小看了看起来混乱的思维导图，更不要把它们随手撕掉，它们对于你来讲有很大的价值。

困惑七：我的思维太乱，该怎么画？

出现这样的情况，是因为你的脑海中有太多的念头想和你交流，所以你会感到混乱。我们试着用五个步骤解决：

第一，拿一张白纸，横向放置。

第二，把脑海中所有的念头一股脑地写到纸上，好像将一桶水倾泻在纸上一样。

第三，把你觉得最重要的三个念头画上圈。

第四，把你觉得最重要的两个念头画上圈。

第五，给最重要的那一个念头画上圈。

这时候，你会得到一个画了三个圈的"最重要的念头"，那就把它当作中心，开始你的绘制吧！或许在以上的过程中，你已经锁定了自己的目标，那就大胆地开始吧！

应用：用思维导图面对项目管理的问题

　　企业经营管理是对企业整个生产经营活动进行决策、计划、组织、控制、协调，并对企业成员进行激励，以实现其任务和目标等一系列工作的总称。

　　项目管理是指在项目活动中运用专门的知识、技能、工具和方法，使项目能够在有限资源的限定条件下，实现或超过设定的需求和期望的过程。项目管理是对一些成功达成一系列与目标相关的活动的整体监测和管控，包括策划、落实进度计划和保障组成项目的活动的进展。

项目管理有如下特性。

(1) 普遍性：项目作为一种一次性和独特性的社会活动而普遍存在于我们人类社会的各项活动之中，甚至可以说，人类现有的各种物质文化成果，最初都是通过项目的方式实现的，因为现有各种运营所依靠的设施与条件最初都是靠项目活动建设或开发的。

(2) 目的性：项目管理的目的性要通过开展项目管理活动，去保证、满足或超越项目有关各方面明确提出的项目目标或指标；满足项目有关各方未明确规定的潜在需求和追求。

(3) 独特性：项目管理的独特性是指项目管理不同于一般的企业生产运营管理，也不同于常规的和独特的管理内容，是一种完全不同的管理活动。

(4) 集成性：项目管理的集成性是指项目管理中必须根据具体项目各要素或各专业之间的配置关系做好集成性管理，而不能孤立地开展各要素或专业的独立管理。

(5) 创新性：项目管理的创新性包括两层含义，其一是指项目管理是对于创新（项目所包含的创新之处）的管理，其二是指任何一个项目的管理都没有一成不变的模式和方法，都需要通过管理创新去实现对于具体项目的有效管理。

(6) 临时性：项目是一种临时性的任务，要求在有限的期限内完成。当项目的基本目标达到时，也就意味着项目即将结束，尽管项目已达成的目标也许刚刚开始发挥作用。

第 *18* 天　关键词和关键图的运用

我们常说一图抵千字，但成年人中95%的人的想象力处于休眠状态。我们没有把握先天的优势，在后天的发展过程中往往偏向于左脑运行模式。思维导图中的关键词以左脑导入、右脑理解的途径转化成关键图，其实就是一种全脑的思考学习模式。

使用词汇

思维导图是我们大脑思维的呈现，发散思维瞬间产生，将关键词和关键图提取和连接起来，这就是发散思维的特性。

比如说我们练习偏旁口字旁，可以在中心图案四周添加很多分支，在这个过程中不要参考别人的作品，从口字开始展开充分的联想，在瞬间写下所有你想到的内容，然后去分析。当你写得越来越多，整个过程就会变得越顺畅，甚至很难停下来。在周而复始的过程中，在不断地重复内容和连接的过程中，思维导图打开了联想和连接的通道，激活了我们的潜力，激发我们的大脑自由地思考。你会发现，在50人的课程中，小组间的讨论结果没有一模一样的，而且人越多，差异率就越大。人的特殊性就体现于此，解决问题所运用的方式各有不同，这样产生的效果也就越好，因为这对于你个人而言非常有价值和意义。与常规保持适当的偏差，带着创造性去解决问题吧！

联想拥有巨大的潜能,你可以尝试着把一个场景、一种声音、一种气味,甚至一种口感作为放射中心,周边可以产生各种联想和想象,充分感受人脑的无限联想及创造性思维。

使用图像

对于词汇的联想,就是在脑海中搜索相关的图像:你找到一些什么样的内容?它的色彩是什么?它让你产生了哪些联想?你可以试着快速写下答案,然后得出结论——其实你具有非常强大的创造和创新能力。当我们想到 apple 这个词时,在脑海中立刻产生的并非词语,而是一个具体的图像,所以思考就是图片和联想的集合,词汇传递的只是意象,而我们大脑可以瞬间进行搜集,然后进行比较,准确提供你想要的信息。其实这是一个思考习惯的养成问题,我们可以每天抽3~5分钟进行有效练习。

第一步,回忆练习,回忆一天中难忘的一件事。

第二步,回忆事件情节。

第三步,回忆情节中的具体细节。

一图抵千字,是因为视觉化便于记忆。1970年,《科学美国人》杂志发表了由拉尔夫·哈柏从事的一项十分有趣的研究成果,哈柏给受试者看2500张图片的幻灯片,每十秒钟放一张。放映结束后,让每个受试者看2500对幻灯片。在每一对幻灯片中,一张是放映过的图片,另一张是很相似但是没放映过的。平均来讲,受试者的辨识准确率达到85%~95%。

2015年,科学家埃琳·纽曼做了一个实验,为"夏威夷果和桃子属于同一个物种进化科类"这句话提供配图。有的配图与文本有关,有的配图与文本无关,或者不配图。实验证明,如果有相关配图的话,人们更有可能认为这句话是对的。

图片=容易理解=熟悉=真实

纽曼认为这是因为图片可以加速信息处理和决策过程,给人一种认知处理过程的熟悉感。而正是这种熟悉感,让人在潜意识中就判断这句话是真实的。

现代人会过多地强调词汇,觉得它是信息传递的主要工具,甚至觉得自己根本不会画图。其实每个人都有绘制思维导图的能力,只是误认为用画图的方式表达自己太过幼稚，或者认为绘画是只有少数人才能掌握的。其实只要思维正常，通过学习就能达到优等水平，在大脑不断的实践中也能获得成功的喜悦。很多时候我们觉得自己做不到，多数源于最初的失败而单纯地否定自己。所以当我们了解到画画其实就是词汇的一种表达方式时，我们就能找到二者间的平衡。我们在使用电脑的时候，我们运用电脑图像和用户界面，都充分呈现了全脑的一种思维模式。

图像和词汇的结合，即思维导图的建立是一个由里到外的过程。

思维导图帮助我们驾驭所有大脑皮层的功能，是一种特殊、有效的工具，我们可以进行充分的自由联想，在畅游大脑的过程中，就会产生无限的自由感，无论词汇、图像、数字，还是逻辑、节奏、色彩和空间。当我们更多地尝试无限的练习时，就会使链接更丰富，记忆也就越高级、越强大。比如以快乐为例，你会想到美食、购物、锻炼、大笑、放松，在美食当中你又会想到你最喜欢的冰可乐、重庆火锅、雪媚娘、冻柠乐……在这个过程中，我们会体会到思维导图中的线条由粗到细，字由大到小，形成逻辑和层次的关系。当你有了足够的词汇量，就能有效控制大脑的威力，也就是找到它们的组织关系——它的层级和分类。你需要确认基本分类的概念，这是关键概念到一般概念转换的过程。例如由学校，你想到了课程、老师和学生，由学生又想到了一年级、二年级、三年级，等等。再如"一本书"的基本分类，就是章节、标题和内容。

所以思维导图是用来阅读的，并非单纯地浏览。在阅读的时候，你会进入思维导图作者的大脑，读懂他的思维，也就可以从中学会技巧和方法。在阅读的时候，放下你的评判，不要一开始就主观地评判这幅作品"好"或者"不好"，某个作者的"作品好"或者"作品不好"。在阅读时，需要分析作者在画这张图的时候，整个思维和思路是否清晰，结构是否完整，这一点非常重要。甚至可以自己围绕同一主题画一遍，对比作者的作品，看一看有什么相同之处，有什么不同之处。比如以幸福为例，讲到幸福，我们会想到活动、食物、人类、环境和感觉，在活动当中，你又会想到帆船，想到心跳，想到跳舞、跑步，想到分享；想到食物的时候，你又会想到水果、早餐、烤串、火锅、零食……其实任何关键词和图，都会成为中心图案，你只需要进行充分的思维发散和联想。而列表却抑制了我们的联想，形成狭隘的思维神经通路，降低了我们的创造力和记忆能力，因为它最终只确定一个概念，而大脑整体的运转倾向是一个完整的属性，它包括空白的线条，运用我们大脑中格式塔的功能，就可以诱发大脑填充想象，然后进行自发关联，向各个方面进行延伸，从不同的角度产生新的概念。

应用：用思维导图打开你的全脑思维

我们的大脑分为左脑和右脑。左脑是理性脑，包括了语言、文字、数字、逻辑、序列、推理等功能。右脑是感性脑，包括了图像、色彩、韵律、节奏、想象等功能。左右脑有不同的功能，但又紧密合作，由胼胝体连接，把信息进行同步转换。

思维导图中图文结合的形式，充分运用了我们的左右脑机能，模仿了我们发散思考的过程，体现出人和人之间思维的不同。

想要打开全脑思维，我们可以尝试从左脑输入语言和文字，进入右脑联想，产生更多的图像，再通过左脑输出语言和文字。也可以尝试从右脑输入图像，然后产生更多的联想，再通过左脑输出语言和文字。

为了便于理解，我们来做下面两个练习。

词汇联想练习：看到词汇展开联想，把你想到的词语填写在思维导图线上。

图像联想练习：看到图像展开联想，把你想到的词语填写在思维导图线上。

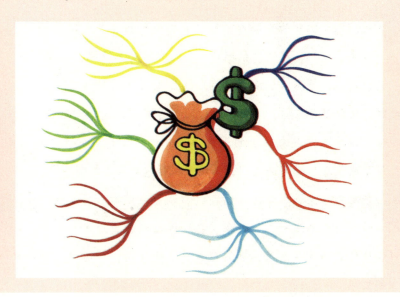

第 *19* 天　思维导图的六大用途

思维导图可以广泛地运用到我们所有的认知领域中,包括学习、记忆等领域。但是学习、记忆相对抽象,我们可以尝试把认知和我们的实际生活结合起来。下面来介绍一下思维导图的六大用途。

第一,用于表达

思维导图在表达方面可用于三个场景。

(1)公众发言。一场优质的演讲有明确的目的性和功利性。由于演讲活动是演讲者与听众的双边活动,所以演讲的目的就分为演讲者演讲的目的和听众听演讲的目的,由此产生了演讲的主题。结构化的演讲包括标题、称呼、开头、正文和结束语,你可以把它理解为一级分支,形成大纲。具体的内容就是关键词,围绕每个关键词展开一分钟的讲解。一场60分钟的TED演讲,就是分为五个部分的50~60个关键词,这样一分解,演讲就变得相对轻松了。这就是你思考演讲的过程,呈现的就是你的思路和想法。

(2)考试。考试考查的不是单纯的知识记忆,而是知识在具体场景中的运用。通过考试,可以提高我们的学习能力,改善我们的学习习惯(包括预习、学习和复习习惯)。可以试想一下,具有了较强的学习能力,拥有了良好的学习习惯,学习成绩自然会很好。

（3）写作。在表达中，有书面语言、口头语言和肢体语言。写作是典型的书面语言表达形式，不管是记叙文，还是议论文，都有其特定的思考框架。我们需要拟定主题，然后撰写大纲，丰富内容和观点，形成一篇文章。

第二，用于学习

学习可以增强我们的大脑，让我们的左脑和右脑并用，进行全脑思考。在认知的过程中，左脑负责吸收，右脑负责理解。

（1）思考的框架就是整个大脑记忆的一种形式，可以帮助我们有效地记忆。例如：记忆宫殿，5W2H，SWOT分析法等。

（2）学科的运用：形成知识的边界和内在的联系。阅读理解和表达经常出现在语文课当中，你可以试想一下，在其他的学科当中是否也有在运用阅读理解的能力呢？人们常说学好数理化，走遍天下都不怕。其实这强调的不是数理化的成绩，而是通过数理化而形成的抽象的思考和判断能力。认知就是主体作为认知的主导，去主动收集客体的知识，这就是主动认知行为的表现，在日常学习中表现为你的好奇心或者是兴趣。

（3）在学习过程中，需要发挥人的主动性，去研究思维的规律和思考的过程，并将其灵活运用。

第三，用于会议

思维导图用于会议，可以让参会人员有更多的参与机会，聚焦于目标和结构。目标就是通过会议达成思想的共识和行动的一致，大家可以贡献自己的想法，在这个过程中，每个人的观点都会被记录下来，而且一些想法可以有效地放入计划当中。因此每个人的参与感和投入感会大大增强。

第四，促进大脑的发展

思维导图呈现的是我们大脑自然的思考方式，大脑思考的过程发生在大脑内部，是隐性的。借助思维导图视觉化的呈现方式，你可以清晰地看到自己的思考，这会让你觉得非常有趣，在思考的过程中，有时充满了想象，天马行空，有时又有相当严密的逻辑性，让某件事情切实可行。思考的过程结合了理性和感性，你的大脑创造出新的想法，也让你备受鼓舞，刺激自己不断进步。

第五，用于笔记

思维导图笔记应该是一种最常用的笔记形式，简洁、清晰、有趣的画面会调动起我们的好奇心，让我们产生对知识的关注。而线性笔记表现为单一颜色，列表记录，数字加字母式的层次形式，这种笔记形式有四点不足：①埋没了关键词，无法在各关键词间展开联想；②不利于记忆，内容单调，形式相似；③不能有效刺激大脑；④浪费时间，花时间去记不必要的内容、阅读不必要的材料，循环往复，导致寻找关键词困难。好笔记的评价标准为评估效率，体现为理解完整和全面，目标是便于复习，看着笔记基本可以复述出课程的主要结构和内容。

思维导图笔记的优势：

（1）符合人类大脑思考的方式。

（2）专注的学习体验和呈现。

（3）一页纸原理，把更多的空间留给大脑思考。

（4）有效建立大脑图谱，提高认知能力。

（5）全脑学习方式。

思维导图笔记有三种主要的形式：读书笔记、会议笔记和课程笔记。它聚焦于主题和目标，结构体现为大纲，内容就是具体的知识点。快速形成系统和认知结构，在大脑中建立起一个知识的框架或者结构。当你把内容进行结构化呈现时，这样的思路会更加清晰。思维导图其实并不单是一张图，而是会议达成的共识、行动的方案……你的思维导图读书笔记，不再是单纯的阅读笔记，而是你通过和作者对话所形成的属于你的新观点和新概念。

第六，用于回忆

因为我们大脑的工作原理就是左脑吸收语言或者文字，右脑结合以往经验加以理解，形成新的知识或者经验。信息不仅以图像的形式储存于大脑，更为丰富的是还包括五感体验：看到的、听到的、闻到的、尝到的和摸到的，分别借助我们的眼睛、耳朵、鼻子、嘴巴和手完成。

在建构主义原理中，我们了解到认知就是把旧的东西和新的东西叠加，一般经历四个步骤——图示、顺应、同化、平衡，最后形成新的认知，产生新的图像，经过编码储存，形成我们的记忆。关键词和关键图帮助我们吸收知识、理解知识，然后通过叠加形成新的画面。原有的信息得以摒弃或更新、扩充，产生新的记忆。思维导图用于回忆，可以有效地改善我们的思考力和记忆能力。在记忆的运用过程中，我们需要培养我们的视觉化思维能力，让语言、文字由左脑进入，在右脑中形成图像，完成输入和理解。更快、更有效地进行信息转换，这也就意味着你的阅读、理解和输出的速度会加快，体现为思维和思考能力的提高。

应用：用思维导图记录会议

会议记录的目的是对会议形成整体的认识，形成结构化的理解，找到难点和重点。我们运用一个现实的场景来做思维导图的会议笔记，这样会有助于你更好地将知识经验进行有效迁移和运用。

会议资料

会议主题：主题例会

会议时间：2017 年 7 月 3 日 14:30

会议地点：集团总部小会议室

参会人员：江建华、潘姿、王冰倩、章佩、薛晨

会议记录：李磊

会议内容：

(1) 针对目前集团总部午休时间管理不清晰，导致部分员工下午到岗时间晚，工作较为松散的现象，会议提出对于午休时间段做出统一规定的建议，如参照服饰公司，提前15分钟下班，避开高峰期，到岗时间可最多延迟15分钟等。

(2) 会议要求每人在阅读《企业未来之路》后围绕以下几点做出总结：

① 人本、员工、公司需求，本能，本质需求；

② 做最好的自己，认清自己，接纳自己（好的和不好的方面）；

③ 追求数一数二的产品价值，提高客户服务价值；

④ 营造社区，包括音乐、篱笆、动植物、环境等；

⑤ 员工关怀；

⑥ 爱与责任；

⑦ 感恩与收获；

⑧ 与万物和谐相处。

(3) 会议提出为何没有做到最好的自己的问题，参会人员回答如下：

① 惰性；

② 不自信，专业能力不足；

③ 不知道自己的目标及想要什么；

④ 不能接纳自己的全部并真实地表达自己；

⑤ 个人观点影响与外界的和谐相处；

⑥ 固执己见。

（4）集团要求每个人在年底之前上交"如何做最好的自己"10个案例，部门上交10个践行企业文化的案例。本次会议决定，8月底之前，总部人力资源部每位员工至少以书面形式上交"如何做最好的自己"案例5个，9月底之前每人上交部门践行企业文化案例2个。针对个人案例的写法，会议建议按照如下格式来写：

① 现状：

② 执行：

③ 结果：

针对部门案例的写法，会议举出一些实例来说明：

① 汉中公司生产厂的工人，因为长时间久坐，不利于身体健康，向总设计了一种透气、可散热的垫子，方便工人使用；

② 服饰公司提出"你穿我洗我熨"活动；

③ 给员工发放各种学习书籍。

注：员工所举的案例应具有时效性，最好是最近一年发生的案例。

会议收获：

通过本次共创会，人力资源部全体同仁对于企业文化有了更深的理解，对"如何做最好的自己"有了更准确的认识，并对为何没有做到最好的自己进行了深刻的反思。此外，会议还明确规定了本年度个人和部门需要上交的"如何做最好的自己"案例数量及时间截点，并结合本部门实际情况对于案例的写法提出了具体的建议和实例，为大家的后续工作指明了方向。

参考图例：

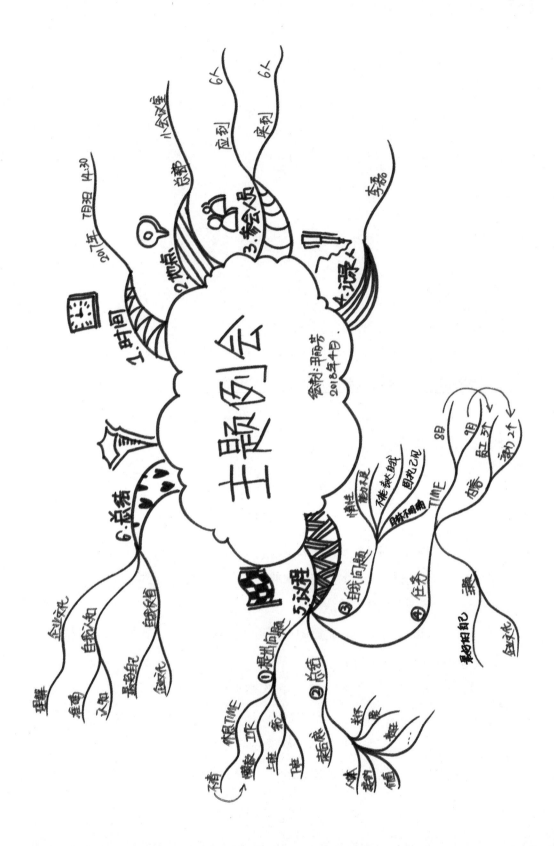

第 20 天　懂法则更有效

思维导图分为两个能力的呈现，一个是隐形思维能力，一个是显性图示化能力。思维导图是你思考过程的呈现，通过绘制四部曲呈现出来。想要全方位认识思维导图，我们需要进一步了解思维导图及其法则。

观察第 197 页的思维导图，你看到了什么？

_____

_____

_____

_____

请思考：

（1）这些元素间是什么样的关系？

（2）它们是以什么样的方式呈现的？

（3）最终要达到什么目的？

思维导图随心流动，知其原则则近道矣。我们通过六个维度来了解思维导图的法则（见第 198 页）。

围绕思维导图绘制法则，确定中心图案。关键词为思维导图绘制法则，"法则"一词是其中的核心，呈现的关键。关于"法则"，我起初联想到了"法律，公平，准则，通用……"，好像都不太理想。有没有什么事情，也需要严谨的准则进行规范？就像体育运动。体育运动是个抽象的名词，什么能

代表体育运动呢?羽毛球、乒乓球和棒球……我的脑海中呈现出逐渐清晰的图像,这就是我对"法则"最好的诠释。

纸

我们首先需要一张纸,必须是白纸,上面没有横线或者格子,因为它们会限制你的想象,引导你的线条走向。白纸可以是A4、A3规格的打印纸。绘制的过程要求纸张横向,在绘制过程中不转动纸张,保持同一画面绘制。为什么要求纸张横向?因为这样最符合我们眼睛的要求,人的眼睛左右的视域大于上下视域。我们家里摆放的都是横屏的电脑、宽屏的电视,就是这个原理。

面对空白的纸张,你会有更多想象的空间,可以绘制出整个图景,你将会把脑海中丰富的思维世界呈现在上面。

线

线条是生命力的延展。它好像是地下大树的树根,向四面八方延伸,收集能量,供给大树生长所需。思维导图中的线条把脑海中的零散信息有效联结起来,形成系统。所以绘制的时候需要由粗到细,呈现出逻辑性;线条向四面八方有机生长和辐射,就像轮毂和大树的树根;线条的长度要和图形、文字的长度相等或稍长;线条连接图形和文字,形成一个庞大的数据库。

词（谐音：瓷，瓷碗）

关键词源于两个主体，一个是文章作者，体现为句子的主干，表现为主语、谓语、宾语，或者文章中的异体字。另一个是自己，并非作者所讲的每个重点我们都要一字不落地记下来。我们可以根据自己的知识储备，把不懂的内容作为学习的重点。关键词的提炼和核心是联想和想象，源于你对内容的理解和思考。手绘思维导图时需要注意的是字迹一定要清晰，这样可以保证阅读者能顺利地识别内容。词的表现形式为：在中心的词要写大一些，突出重点；外围的要写小一些，代表次要。

图

通过观察你会发现，图在思维导图中也有着很重要的地位，比如中心图案、小图标。中心图案位于中间的位置，最显眼、最鲜艳，面积最大，颜色丰富。丰富的彩色能够让我们的右脑更加关注它，可以让我们更好地表达情感和内容。小图标是一个广义的概念，可以表现为字母、符号、代码或者图标，甚至可以创造出属于你自己的代码。例如取每个字的首字母，政治是ZZ，经济是JJ，政治经济是ZZJJ。在脑海中会产生这样的经历：政治—ZhengZhi—

ZZ，经济—JingJi—JJ，政治经济—ZhengZhiJingJi—ZZJJ，这是一个形成大脑图谱的过程，第一步从文字到符号，第二步进行有效储存，第三步看到符号就能马上还原出文字。这就是建构主义所讲到的，认知建构是我们在大脑中主动形成的内部建构，外界不可替代。所以小图标的核心是为意义而产生，不是为了好看而存在。没有建构的小图标是没有任何含义的。

思维导图中的图像最好是立体图，这样与现实相似，有助于快速形成有效链接。中心图案越神奇越好，新鲜的刺激信号可以让大脑保持新鲜感。我们举个例子，你去千佛之国泰国看到了白庙，去普罗旺斯看到了薰衣草花海……独特的风景和颜色吸引着你，令你目不转睛。闻所未闻、见所未见的事物，就是具有这样神奇的效果。

思维导图中的图是有机、动态发展的。试想一下苹果，你的脑海中浮现的画面是什么样的？肯定不是一个平面图。它是立体的，有阳光的投影，有清甜的香味，有光滑的手感……我们的大脑是一个"高级生物电脑"，储存的内容会得到有机生长。

色彩

一幅思维导图作品的色彩数量要求三个以上，色彩可以表现项目、主题、归类。你可以通过色彩表达自己的情绪和情感，例如强烈的情绪：红色、黑色；温暖的感受：红色、橘色、金黄色。色彩连接图像和文字，在绘制思维导图时，同一分支和文字的颜色最好相同，这种色彩呈现形式，哪怕不去细看内容，也可以直接形成系统和部分的概念，在绘制一个分支的过程中，不用换笔，也可以有更好的心流体验。

《让大象飞》读书笔记

你认为第 202 页和第 203 页中的哪张图能更清晰地表达出系统和部分的概念？

结构

思维导图呈现的是我们思维的过程，反映的是发散思考和形成系统的过程，可以有效帮助我们提高思考的能力。当杂乱的信息形成层级和结构的时候，就可以称其为一个完成的思考框架或模型。让旧的框架不断地迭代，能够培养我们思考的能力。思维导图呈现出辐射状：充分运用联想和想象，让思绪像花儿一样绽放，流畅而自然；同时也是一种有层次的思考，由整体到局部，由主要到次要。

应用：用思维导图面对想赢的问题

你想赢吗？怎样才能赢？试着写下你思考的答案。

_____
_____
_____
_____
_____
_____

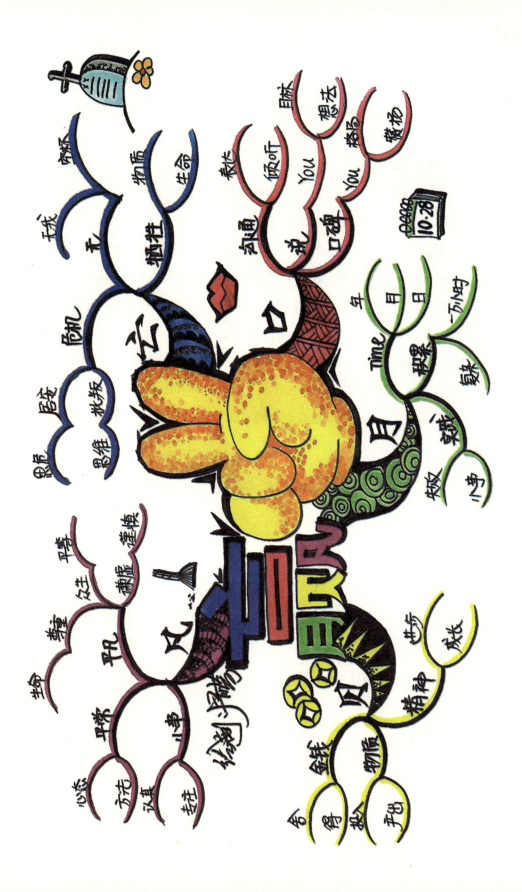

这些答案真的能帮助你取得胜利吗？如果不能，你觉得缺少了什么？

"赢"字很像一个象形字，由亡、口、月、贝、凡五个字组成，在我看来这五个字代表了五种深刻的含义。"亡"是要求我们时刻有危机感，居安思危，具有批判性思维，以及无我和空杯的心态，可以以牺牲一定物质为代价。"口"指代沟通，包括表达和倾听，大声说出你的目标和想法，建立自己的口碑和格局，善于去赞扬他人。"月"是指代时间，日积月累，刻意练习，学会复杂的东西；善于实践，勇于试错。"贝"指代金钱，包括物质的投入和产出以及精神的进步和成长。"凡"表达的是平常的心态和方法，对每一件小事的认真和专注；平凡，尊重生命，众生平等，谦虚而谨慎。

借助思维导图建立起属于你的"赢"的原则，然后按照目标开始刻意练习吧！

第 21 天　画出你的想法，
　　　　千万别看我的答案

今天是我们学习的最后一天，我们要来玩个角色互换的游戏，尝试着让自己由思维导图的学习者、使用者变换为推广者。大脑思考分为五个过程，第一个过程叫作接收，第二个过程叫作保持，第三个过程叫作分析，第四个过程叫作输出，第五个过程叫作控制。你已经花 20 天时间通过了接收、保持、分析这三个阶段，接下来尝试输出吧，这是检验学习效果最好的一种方式，也能帮助你快速找到自己还未掌握的内容。当然也需要对你掌握的知识有效地控制，以达到系统输出的目标。接下来，你就是一个思维导图讲师，注意你不是美术老师，所以请把关注点放在思维的训练上。你需要完成的通关任务是设计一节思维导图课程。

我们首先需要足够的信息帮助你思考：设计思维导图基础课程，针对零基础的学习者，一共 50 人。他们中间可能有 50% 以上的人没有接触过思维导图，他们希望全面了解思维导图，并且可以运用思维导图更好地学习、工作和生活。他们的从业背景很复杂：有来自金融行业的销售人员，有企业的 HR 经理，有刚毕业的大学生，还有初中生……补充一点，他们大多有一些焦虑的情绪，因为他们没有绘画基础，担心自己无法掌握这个工具。这节课程一共有 90 分钟的时间。

应用： 用思维导图进行课程设计

你可能还没有思路，我们通过以下五个步骤来帮助你厘清思路。

第一步，确定课程主题：设计课程名称，可以是"思维导图激活你天赋的才能""思维导图——大脑瑞士军刀""思维导图——高效思维的工具"……或许你还有更好的想法。

第二步，明确课程对象：金融行业的销售人员、企业的HR经理、刚毕业的大学生、初中生。不同的对象，所开设的课程内容不同，我们把对象定为刚毕业的大学生。

第三步，设定课程时间：90分钟，60分钟讲解+30分钟答疑。

第四步，进行课程设计：将课程内容分为四部分比较合理。你想给刚开始学习思维导图的学习者讲什么？试着画出你的课程设计。

第五步，抓住难点和重点：思维导图是思维的习惯，一节课很难帮助大家建立有效的习惯，或者迅速掌握绘制技巧。为了让课程更有效，可以考虑增加案例的讲解。

画出你的课程设计，千万别看我的答案。

恭喜大家完成了由学习者向推广者的转变，希望本书中的每个案例都能够成为一次课程，帮助更多的学习者解决实际问题和困难。当然，我最希望的是大家通过对思维导图的学习，成为高效能的学习者。

第五部分

读懂思维，获得成长的力量

思维导图中的声音与语言

影响我们生命和天性的因素,不仅包括我们意识层面的内容,更多的是我们的潜意识。在意识和潜意识之间有一个"过滤器",这个过滤器的上面一层是意识,留下来的是粗糙的物质;我们生命中充当黏合剂的物质则在意识的深远处;这上面一层留下来的仅仅是一些比较表面和肤浅的东西,而我们生命中更重要的东西则潜藏在潜意识中。怎样让潜意识和意识流动起来?每个人都有意识和潜意识,很多时候我们低估了自己潜意识的力量,仅在意识的层面简单地判断自己行或者不行。一开始学习思维导图的时候,你会觉得非常难,因为你在用意识层面分析思维导图:有图画,有色彩,有文字,自己又不会画图,所以得出结论——我不会画思维导图。但在我们的潜意识层面,每个人都是曾经的孩子,都曾经喜欢用图画的形式理解他人和表达自己。我们在过往的工作和生活中积累了大量的经验。所有的经验都可以借鉴和迁移。知识迁移是一种学习对另一种学习的影响,任何学习都是在学习者已经具有的知识经验和认知结构、已获得的动作技能、习得的态度等基础上进行的。

呈现内心的想法

通过 21 天的学习,一天一练,你会发现原来你可以绘制思维导图,你比你自己想象得更棒。其实在你的知识储备里,为了思维的呈现,你已经积累了很多的能力。只要充分运用潜意识的力量，就能获得巨大的能量。约瑟夫·墨菲在《潜意识的力量》一书中讲到，各个时代的伟人所掌握的那个伟大的秘密就是一种能力——能够接触到或释放他们的潜意识。

在绘制思维导图的过程中，你会发现你的思维导图会呈现出那些你无法描述出来的内心想法。你可以把它理解为内心的声音，它可以让你找到解决事情的方式和方法；也可以把它理解为一种感觉，可以为你提供有效的决策。

思维导图呈现的是一个思维的过程，它能让你看到更多的信息，让我们的意识和潜意识结合，信息之间会产生更多的钩子，让相关的信息不断地联结起来。思维导图不能代表你的决策，但可以有效地帮助你收集和呈现更多的信息。可以做一个简单的判断，你认为根据10条信息做出判断更准确？还是20条信息更准确？

我们以"温暖"为主题做一个实验。

中心图案是向日葵，它让你想到了什么？其实中心图案并没有大家想象得那么复杂，这个向日葵来源于游戏"植物大战僵尸"。向日葵让我感到了温暖，一是它所呈现的发射状；二是它的颜色为暖色调；三是它永远迎着太阳的特性。这张思维导图一共分为四个部分：第一部分是火；第二部分是衣服；第三部分是电影动画人物大白，代表的是物品；第四部分是点赞的手势，象征着感受。

　　第一部分是火：你看到了什么？我画了：蜡烛、火柴、春节的灯笼、烤串和火锅。

　　第二部分是衣服：天冷的时候我们总是穿着厚厚的衣服来御寒。我画了：帽子、鞋子、手套、围巾和裤子，厚厚的样子会让你感受到温暖。

　　第三部分是大白：那个温暖的白胖子。我画了：巧克力珍珠奶昔、薰衣草兔子、红酒、咖啡和暖水袋。

　　第四部分是点赞的手势：竖起了大拇指，代表点赞的意思。我画了：象征婚姻的大钻戒，妈妈牵着孩子的手象征着亲子关系，执子之手与子偕老，生日的祝福，最后我画了一块表，最长情的陪伴，就是只要你一回头，我就在你身后。随着年岁逐增，我们没有办法和自己的好朋友时时相见，但是我相信每个人身边都有一两个这样的朋友，她/他可能没有办法分享你的成功，但当你说："我今天心情不好，想找个人陪我聊聊天。"她/他会第一时间出现在你的面前，这就是历经时间的洗礼而沉淀下的友情。

　　我对以上这张思维导图的解读过程，也是一种图像发散、文字聚拢的过程。在你阅读的过程中，你看到的不是我的温暖，而是属于你的故事。例如：看到火锅，你会想到曾经和三五好友一起吃火锅时的场景。看到衣服，你会想到冬天穿着厚厚外套的场景。看到执子之手，与子偕老，你会想到曾经与相爱的人手牵着手，让你产生怦然心动的感觉。如果你已经感受到了温暖，说明你已经进入到了自己的思维世界里。

左脑输入的文字、语言，会由右脑理解和吸收。在这个理解和吸收的过程中，需要调动你以往的知识储备或者潜意识层面的内容。

借助图式化的语言，思维的传递可以不分国籍、不分性别、不分年龄。

阅读思维导图

人在接受信息的时候，靠五个外部感官器官：眼睛（视觉）、鼻子（嗅觉）、嘴巴（味觉）、耳朵（听觉）、手（触觉）。如果面对一张思维导图，简单地用视觉去做评判，很容易得出这样的评论：这张思维导图很好看，或者不好看。但只有这样的评判，是没有办法走进作者的内心世界的。我们可以尝试把简单的看图转化为读图，读作者创作的思路及其思考的过程。

面对一张思维导图，也可以通过量化的方式来评价，考虑绘制的具体要求是什么。需要从六个维度进行评价：纸张、线条、关键词、关键图像、色彩和图画。在这个过程中，左脑和右脑的皮层功能同时得到运用，进入全脑学习模式。

我们每个人都具有意识和潜意识，自己的意识去和潜意识沟通，是自省和自察；潜意识去和意识沟通，那就很像是在做白日梦，充满了天马行空式的想象。在商业谈判中，就像前面给大家介绍的沟通计划，理性地去分析5W2H，去按计划完成沟通任务，这就是典型的自我意识和他人意识交流的过程。还有一种情况，晓之以理，动之以情。这是非常典型的用自己的意识和别人的潜意识沟通的过程。心理学中的催眠术，也是运用的将意识和潜意识沟通。我们经常被好莱坞大片"催眠"，在意识层面我们知道人有生老病死。但影片中的超人不会死，即使超人死了，也还能复活。我们也很欣然地接受这一点，因为这个人的名字叫超人。这个时候你会发现，开放程度越高，你能接收到的外界信息就越多。

思维开放在很多时候是基于自身安全的需要。我们不愿去接触外界更多的信息，去面对外部环境带来的挑战。妈妈体内是胎儿最原始的舒适区，没有任何的风险。当我们离开母体，呱呱坠地，就开始了人生冒险之旅。迈出舒适区，外界各种不同的声音、各种各样的信息蜂拥而至，它们会让你觉得很危险，人的本性是趋利避害的，面对不同的信息，大脑中的本能脑会保护自己，不让这样的信息进入。当你发现固执地坚守某个观点的时候，也就产生了认知的固化。认知的固化是提高认知的天敌，提高是不断进化的过程，而进化的方法就是去接触那些你闻所未闻、见所未见或者从不认同的观点。你可以尝试站在他人的角度，去全面地看待问题或者想法，去聆听自己和他人内心的声音。

"混乱"的思维导图有着特殊的含义

我们会遇到这样的困惑,当画完思维导图后,乍一看,会觉得非常不满意,甚至沮丧灰心和失望,你投入大量时间和精力绘制出的思维导图,没有你想象得那么完美,而且发现有许多可以改进的地方(见第 218 页)。

这使你好像看到一枚硬币的正反面。沮丧,灰心,失望,是硬币的反面。那么试着把硬币翻过来,在这个过程中你收获的是什么?思维导图的绘制过程,是当下思绪的流动和呈现;完成以后回头再看时,你会发现这张图其实没有想象中那么好,甚至有很多问题。这是因为你站在了更高的台阶上,拥有了更多的思路和想法,这时再去看下一层级的时候,自然会觉得画得一团糟。如果你的想法和所画的内容处在同一层面,可能永远不会发现问题。只有当你的认知上升一个台阶后,你才可能看到问题所在。

当你能够看到问题的时候,恭喜你!这意味着你的认知已经发生了变化。思维导图中的图像和文字,其实就是过去的你。当能够判断出混乱的时候,你已经有了不混乱的标准。

如果此时你想去改变现状,那么可以先接受这个现状的存在——这张作品没有想象得满意,然后可以参照以下三个步骤加以改善。

第一,你可以画 1.0 版,先呈现脑中现在的想法(见第 219 页)。

第二,可以参看 1.0 版的内容完成 2.0 版,在已有的基础上进一步提升和完善(见第 220 页)。

第三,你可以再画 3.0 版,让你的思路通过思维导图的呈现不断清晰。

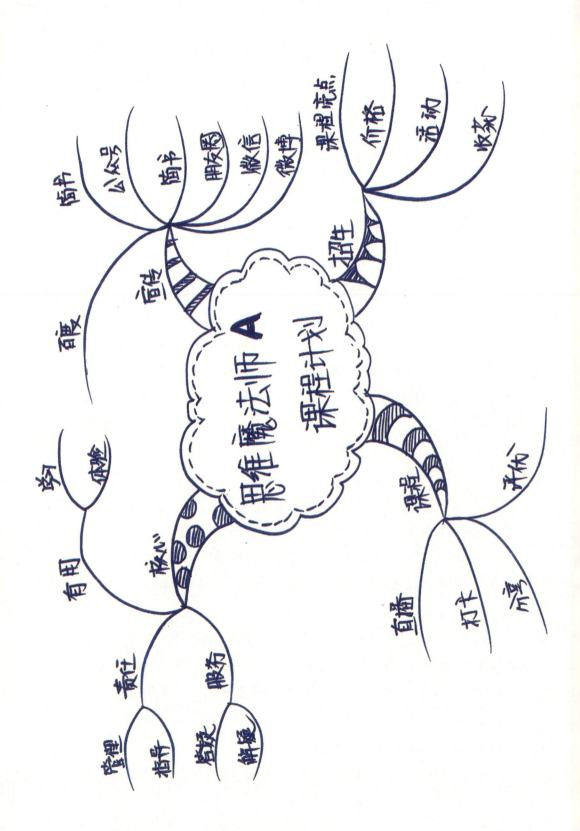

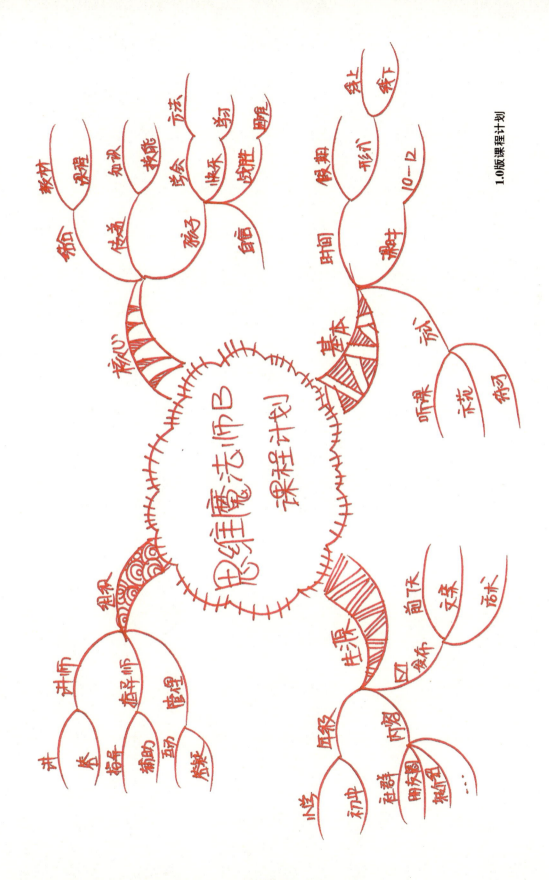

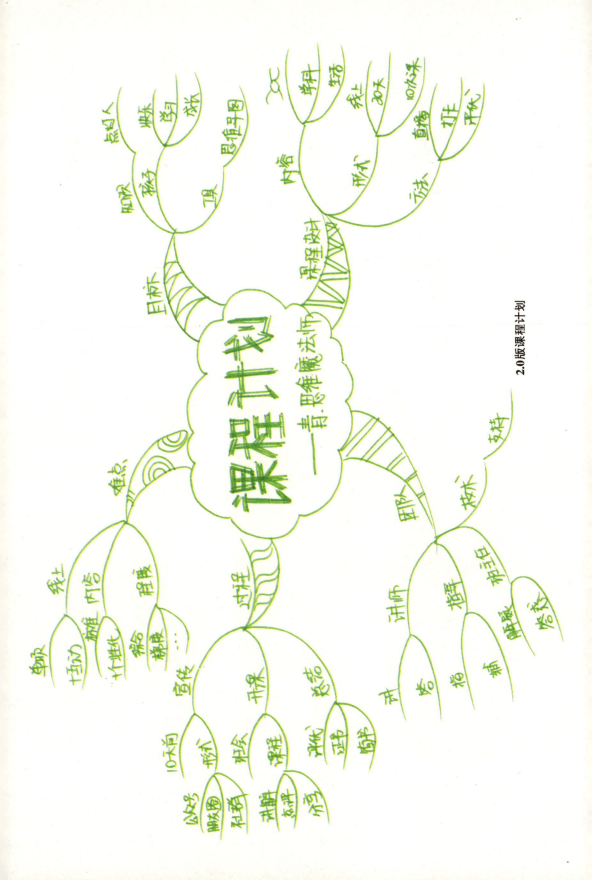

学而不思则罔，思而不学则殆，足以说明思考的重要性。全面的回顾，其实就是一种思考，它包括逆向思维和换位思考等。

很多时候你会找借口说自己太忙了，没有时间去思考。这或许是真的，我们没有闲暇的时间，因为手机已经占用了几乎所有的时间。电子产品依赖症制造了一个假象——我们在用手机学习和思考。甚至某个时候如果没有手机信息进入大脑，你就会感觉不安。当你借助手机刷微博、看朋友圈、看小视频的时候，你接受的是碎片化知识，看上去好像很有用，但是食之无味。

你可能觉得思考会浪费时间，还有那么多事没做完，思考有什么用？"像老板一样去思考问题"，就是指可以试着像老板一样去思考，找到更多的信息帮助自己去做决策。站在更多、更高的角度思考问题，让整个方案变得具有宏观和微观的可控性。你可以借助思维导图的方式来与自己的思维对话，来与他人的思维对话。目的只有一个：让自己的思考能力得到充足的训练。

看到自己成长,你会有更大的动力

学习需要制定明确的目标,然后分阶段按时完成。你的收获取决于你付出的努力。我有一个成长的故事,和《如何阅读一本书》有关。这是2004年商务印书馆出版的一本书,该书作者是莫提默·J.艾德勒、查尔斯·范多伦。该书主要论述指导如何通过阅读增进理解力。强调阅读是一种主动的活动。阅读一般有三种目的:娱乐消遣、获取资讯、增进理解力。只有最后一种目的的阅读才能帮助阅读者增长心智,不断成长。书中将阅读分为四个层次:基础阅读、检视阅读、分析阅读、主题阅读。

看到这样的介绍,你心动了吗?我看到这个介绍的时候,简直乐坏了,脑海中想的是只要学会了这本书介绍的方法,我的阅读将所向披靡了。于是马上买了书,认真开始看起来。第一章写得很棒,第二章也不错……当读到第六章的时候,我傻眼了,看到的文字好像都不认识。分开看每个字都明白,但就是不明白连贯起来的意思。面对着想啃但又啃不动的硬骨头,我选择了和大家一样的方式——把书束之高阁。然后安慰自己:"我已经看了一部分,只是我没有看懂而已。"直到2016年5月,我冒出了一个大胆的想法,现在很提倡快速阅读法,阅读的内容越多越好,在这个过程中只关注了阅读的数量,但是忽略了阅读的质量。有没有一种好的方法,可以让我们安静下来,认真地去阅读一本书,聆听作者的话语?读一本书,请深读,就像爱一个人,请深爱。深度慢阅读,认真读好书。从一本书入手,进入一个章节,仔细阅读一篇文章，一个段落，一句话，一个关键词。慢阅读，不是一年只读一本书，而是需要制订好阅读计划，按计划完成。一本书在一个月内读完，每天阅读一个篇章。有了好的想法后，就需要具体实施了。什么样的好书，既有意义，又有价值呢？我的目光落在了书架上的《如何阅读一本书》上，它既然是我的困难，也可能会是很多喜欢阅读的伙伴们的困难。在举行第一季深度慢阅读《如何阅读一本书》的时候，有4000多名伙伴参加了活动。

有的伙伴问我是不是提前准备好了课程，其实我当时遇到的挑战和伙伴们是一样的。为了做好带读活动，每天分五个步骤完成工作：第一步，快速阅读，这对我的快速阅读能力提高帮助很大。第二步，记录关键字，识记内容。第三步，画出思维导图笔记，形成理解框架和逻辑。第四步，上午8：00在直播间讲解，带读内容。第五步，把讲课内容写成文章，加上10幅伙伴的作品，晚上发公众号。深度慢阅读是我额外的工作任务，每天增加五个小时的工作量，做不完怎么办？那就实行严密的时间管理，例如：早上7：00起床，7：15开始绘制思维导图，8：00开始直播，9：00～12：00正常工作，12：30～13：00午餐，12：00～13：15午睡……在21天的时间里，还不断有临时工作加入，让我深深地感受到了困难和压力。到了什么样的程度？已经到了想要放弃的程度，一直在思考要不要告诉伙伴们休息一天，或者放弃这个活动。我知道自己进入了习惯的三个阶段中的第二阶段——不安定期（8～14天），会受到自身或者外界的不可控因素的干扰，然后放弃坚持。此阶段的重点是：建立习惯的开关，利用小小的仪式感和弹性的计划，还可以给自己设定奖励机制，帮助自己更好地面对挑战。

我首先给自己设计了一个奖励：如果我完成了21天活动，就奖励自己2天整天的休息，去陪伴家人。然后和自己对话：

"你累吗？"

"累。"

"那么，放弃可以吗？"

"好像可以吧！"

"但是，不太好吧！"

"全国有 4000 多伙伴和你一起。"

"你好意思放弃，承认自己是个失败者吗？"

"我不愿意做失败者。"

……

在第七天直播的时候，我鼓励伙伴们："当你坚持到现在，坚持了七天的成长，你就已经完成了第一步的自我突破，后面还会更难，但是也意味着收获更多，我希望能得到伙伴们对课程的反馈，我们相互支撑，就是一种力量。"在课程的讲解过程中，我获得了伙伴们的反馈认可。其实这就是让我前行的力量，爱出者爱返，福往者福来。深度慢阅读先经历了把书读厚的过程。21 个篇章，每章都会有一份关键词笔记和一份思维导图笔记。然后把书读薄，我梳理了对整本书的框架逻辑和结构，做到了融会贯通，可以将学习到的内容进行迁移，指导我的其他阅读。例如阅读《思维导图》《少有人走的路》《非暴力沟通》《假如给我三天光明》《西藏生死书》……

在这个过程中，我发现自己经历了一场认知的革命：

开始，读不懂《如何阅读一本书》；

后来，找方法读——深度慢阅读；

最后，实践。实践的感觉就像是在做学问，"学问"泛指知识，"做学问"指学习知识。学问学问，边学边问。从文字上解释，古人常用此定义对天文地理的学习和研究。做学问，不只是纯粹地停留在原有层面上进行研究、认识，而应该掌握和运用。一切的学问都有原理的共性，也有实际的通性，更有价值的同性。弄清了这个原则，学习起来就十分简易明了。

我们每个人一开始并不擅长去做很多的事情，就像画出你的思维，阅读很难的书，开车……我们要相信我们的大脑都有超强的适应能力，它会经历从舒适区到学习区，从学习区到恐慌区的过程。所以你给的任务越艰难，大脑就会调动所有的能力去完成这个任务，在完成的过程中，培养的就是你的能力。

在学习的过程，我先有了1.0版的思维导图，呈现的是作者的框架和内容（见第226页）。

然后在深度慢阅读中产生了2.0版的思维导图，呈现的是作者的框架和我提炼的内容（见第227页）。

最后产生3.0版的思维导图，呈现出我对《如何阅读一本书》的理解和诠释（见第228页）。

我从四个方面来理解《如何阅读一本书》，并通过阅读获得了理解能力的提升。

第一分支，阅读是一种主动的活动，只有打开书，你才能获得新的知识和灵感。阅读一般有三种目的：娱乐消遣、获取资讯、增进理解力。只有最后一种目的的阅读才能帮助阅读者增长心智，不断成长。

第二分支，阅读四个阶段的内容要求是渐进掌握的，上一层次包括下一层次的阅读法。

基础阅读，书中指出一个人只要熟练这个层次的阅读，就摆脱了文盲的状态，至少已经开始认字了。在熟练这个层次的过程中，一个人可以学习到阅读的基本艺术，接受基础的阅读训练，获得初步的阅读技巧。在这个层次的阅读中，要问读者的问题是："这个句子在说什么？"

检视阅读，也可以称为略读或预读。这个层次要问的典型问题就是："这本书在谈什么？"有系统的略读和粗浅的阅读两种方法，可以帮助我们进行快速和有效的阅读。

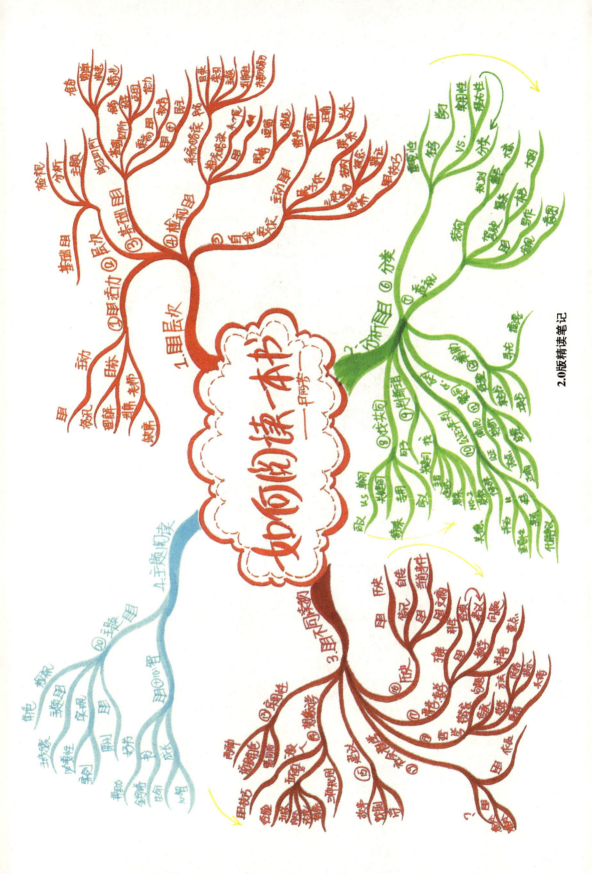

分析阅读，就是全盘的阅读、完整的阅读，或者说是优质的阅读——读者能找到的最好的阅读方式。首先要对阅读的作品进行分类，看是实用型的书，还是理论型的书。通过透视一本书的结构和大纲，了解作者的写作意图。方法：找到共同的单词、关键词、专用名词和字义；找到句子的主旨；客观地评判一本书，表达自己的赞同和反对。

主题阅读，检视角色。特点：耗时和耗精力，通过五步可有效改善：找到主题；达成共识；厘清思路；议题讨论；有效地分析和研究。主题阅读是最主动也是最花力气的一种阅读方法。

第三分支，阅读不同读物的方法，包括实用型的书、想象文学、故事、戏剧与诗、历史书、科学与数学、哲学书、社会科学等。

第四分支，收获。成长就像充电，阅读就是提出问题，主动到书里去找答案，书的金字塔就是逐层逐句地扫描一本好书而形成的，并进行有效的重读。人的生命是有限的，但我们的心智会通过阅读获得无限的可能性。增长大脑的活力，提升阅读的技巧，有效提高理解的能力。

不带评论的观察，是人类智慧的最高境界。

一本好书需要我们进行主动阅读，因为它可以帮助我们提高阅读的技巧，并把它运用到工作和生活中。最重要的是可以保持自我活力的增长，所以阅读是一种习惯，和优秀是一种习惯一样。它是我运用思维导图所面对的一个巨大挑战，当然我的收获也是巨大的，因为我结合《如何阅读一本书》出了一本叫作《思维导图阅读法》的书。

每份收获都伴随着付出，《如何阅读一本书》给我的收获是：没有读不懂的书，只有不对的方法。当你找到了对的方法，那就开始你的刻意练习吧！

下面给大家展现三位伙伴的成长历程。当我们还是零基础的时候，面对未知的东西总是充满恐惧，尝试着突破自己的舒适区，通过有目标的学习，你就可以学会想学的东西。

廖丹的第一幅思维导图作品

南子的第一幅思维导图自我介绍

南子的《安的种子》思维导图分析

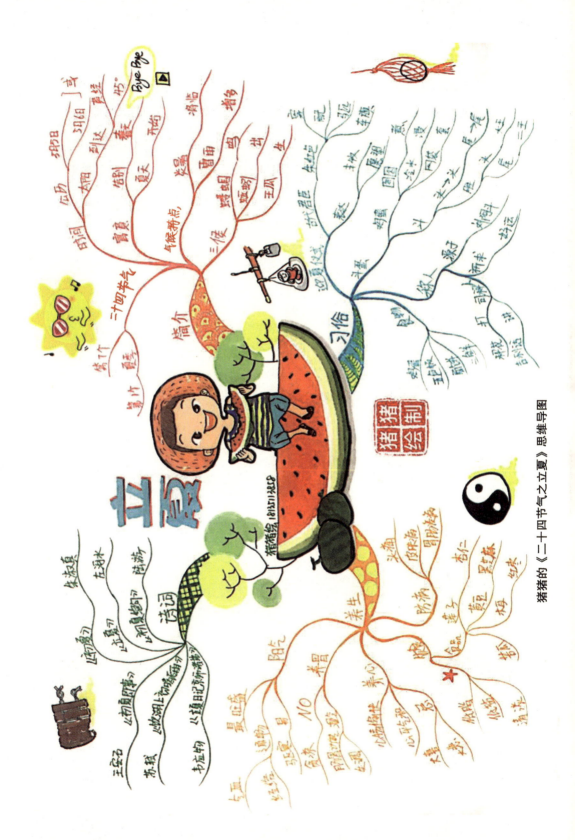

猪猪的《二十四节气之立夏》思维导图

当看完三位伙伴的成长历程,你也肯定信心满满了吧!因为21天已经有一颗新思维的种子萌芽,请你注入认真的阳光,踏实的雨露,坚持的行动……然后静待花开。

最后和大家分享一句我最喜欢的话:当你知道你要去哪里,全世界都会为你引路!

附录　学员分享

二宝妈思维导图变身记

南子

刚学习思维导图时，我是一位 7 岁女儿、1 岁儿子的全职二宝妈。

全职妈妈往往身兼数职——奶妈、保姆、清洁工、家庭作业辅导员、厨师、采购员……我的世界里，天天都是围绕孩子的吃喝玩乐，学习成长。

做全职妈妈的几年时间里，虽然无须面临职场压力，但内心并不淡定，充满了恐慌和焦虑，担心与社会脱轨，开始强烈渴求与外面的世界连接。

机缘巧合，了解到深圳的一些小学已经开始用思维导图给孩子布置作业，我便开始在互联网上搜索思维导图进行学习。在一次用思维导图绘制了一堂微课的听课笔记，发现内容再也忘不掉之后，我坚定了要好好学习思维导图的信念。

随后，我报名参加了丽芳老师的 21 天思维导图共读活动。开营第一天是 2016 年 5 月 8 日，母亲节，还是丽芳老师的生日。为了更好地融入，我主动担任社群管理员，为大家服务。责任在肩，自己学习思维导图也劲头十足。

这次共读活动的21天，我完成了21幅思维导图。第一次创作，我用了三四个小时；到第21天，我用3小时完成了3幅思维导图作品。创作效率飞速跃迁，让我真正意识到了自己大脑的无限潜能。

之后，我开始带着女儿跟丽芳老师学习青少年思维导图的线上课程。因为效果超赞，所以又特邀丽芳老师来深圳举办了为期2天的思维魔法师青少年思维导图训练营。2016年，我借助思维导图阅读法，高效学习和输出，一共学习了30多个课程，其中包括丽芳老师亲自授课的思维导图初级班、中级班，绘画初级班、中级班，手账班，视觉笔记班、黑白画班……回头一看，发现思维导图不仅改变了我的思维模式，而且已经开始改变我的人生轨迹。

从2016年5月开始，丽芳老师就一直鼓励我聚焦思维导图的精进和个人品牌价值的变现。2017年，我给自己投资了思维魔法师青少年思维导图讲师班、思维导图管理师双证班的认证课程学习，并在V课会平台担任思维导图训练营等相关课程的班主任、指导老师，也开始自己在深圳举办思维导图沙龙和训练营。

2年时间过去，当我回过头来找寻自己的第一幅思维导图作品时，突然发现——我绘制的思维导图画册已经有十几本，每本50页，思维导图作品已经600多幅，思维导图学员也已一拨接一拨毕业。

对我来说，最开心的事是，借助思维导图工具，我结合9年的绘本亲子陪伴经验和2000多本绘本的阅读，研发了"全脑思维读绘本"课程，一经在V课会平台开课，便获得了家长和幼儿园、小学老师的好评和赞许。我也一鼓作气，在深圳落地了一家绘本馆和一家众筹模式的绘本书吧。

从思维导图的学习者，变成分享者、推广者，再到思维导图/绘本/纸戏剧/黑白画/DISC/PPT讲师身份的蜕变，我特别感谢自己从一开始没有畏惧困难，并且刻意练习、坚持输出。而这所有的一切，都是思维导图带给我的转变。

2016年年底，我曾许下承诺——2017年和女儿手绘一本绘本。于是我发起了"100天自我成长"系列活动，举办了多个100天活动，比如：100天100本读书营，100天每天1小时做自己，100天每天给梦想10分钟，100天黑白画。这个承诺，在2017年大年夜兑现了。

如果说，要给思维导图小白分享一个经验，我想说——当你想完成一个目标，觉得有点难的时候，学会做目标拆分和邀约，一拨人抱团成长一起玩，梦想一定会照进现实。

最后，作为V课会核心团队成员和V思维魔法师·深圳俱乐部秘书长，我诚挚地邀约伙伴们一起加入思维导图大世界——我是零基础学习的思维导图和绘画，相信大家都可以！